价值百万的

9堂人生哲学课

潘鸿生◎编著

北京工业大学出版社

图书在版编目（CIP）数据

价值百万的9堂人生哲学课／潘鸿生编著．—北京：
北京工业大学出版社，2014.12（2022.3重印）
ISBN 978-7-5639-4112-4

Ⅰ.①价… Ⅱ.①潘… Ⅲ.①人生哲学－通俗读物
Ⅳ.①B821-49

中国版本图书馆CIP数据核字(2014)第259910号

价值百万的9堂人生哲学课

编　　著：潘鸿生
责任编辑：闫　妍
封面设计：周　飞
出版发行：北京工业大学出版社
　　　　　（北京市朝阳区平乐园100号　邮编：100124）
　　　　　010-67391722（传真）　bgdcbs@sina.com
经销单位：全国各地新华书店
承印单位：唐山市铭诚印刷有限公司
开　　本：787毫米×1092毫米　1/16
印　　张：14
字　　数：228千字
版　　次：2014年12月第 1 版
印　　次：2022年3月第 2 次印刷
标准书号：ISBN 978-7-5639-4112-4
定　　价：39.80元

前　　言

在现实社会中，每个人都渴望成功。很多有志之士为了追求心中的梦想，付出了很多，得到的却很少，这个问题不能不引起人们的深思。许多人都在沉重的生活压力下摇头叹息：生活真难！因为生活的种种际遇常常让人心灰意懒：做人想要八面玲珑，处处讨好，最后却疲惫不堪，失去自我；做事想做得轰轰烈烈，最后却失去方向，迷惘不已。其实，不是我们不努力，也不是不够聪明，可为什么付出了那么多，收获却总是可怜的一点点？究其原因，就是因为我们活了一辈子都没有弄明白该怎样去面对人生。

尼采说："人唯有找到生存的理由，才能承受任何境遇。"人生的意义在于我们生存本身，在于不断地追求。有什么样的追求，就有什么样的人生和命运引导着你走到今天的位置。

人生犹如一场戏，我们每一个人都在戏中扮演着不同的角色。一个厌世者——对烦恼与忧伤哀叹不已；一个强者——失败不等于失落，对胜利从不过分地执着。其实，失败并不可怕，可怕的是不能摆脱失败的阴影，失败者并不是弱者，因为当自己依靠坚强的毅力重新爬起来时，就可能变成强者。

每个人都知道，社会生活极其复杂，充满矛盾，总有某些方面不能如愿以偿，总会遇到这样那样的不幸，只是程度不同而已，遇到不幸要客观地分析原因，寻求恰当的方式方法战胜不幸，并想办法使之向有利的方向转变。

每个人因对待生活的态度不同而收获不同的人生。有智者说："思想宛如一块磁铁，它只吸引与它类似的东西，与你思想相左的东西是不大可能产生的，你的成就首先是在你的思想上取得的。"人生有很多困惑和迷茫，失去人生方向，是因为你的思想不够完善。因为思维决定一个人的人生，头脑清晰和理智的人、成功的人应该懂一点哲学，这样会让一个人活得更理性、更智慧。那么，一个人该如何面对自己的人生，该如何去活着呢？本书将帮助您解读人生的本质，洞析人生的规律，领悟人生的真谛，寻求成功的轨迹，把握人生的方向，实现自我的价值。

相信本书能帮您在人生的道路上，树立起正确而崇高的价值观念与人生目标，坚定正确的信念，遵守正确的人生准则，用忍接纳、用目标导航、用勇气冲锋、用行动搏击，抛却烦恼忧愁，着眼远大目标，勇往直前，快意人生，高歌猛进。

目　　录

第二课　冬天已经到了，春天还会远吗

第三课　没有如意的生活，只有看开的人生

第四课 走在泥泞的路上，你会留下自己的脚印

第五课 人在江湖飘，你要懂社交

第六课　掌控自己的命运，彪悍的人生不需要理由

第七课　不断完善自己，活出精彩独特的人生

第八课　人生只有走出来的美丽，没有等出来的辉煌

第九课　无法改变现实，可以改变心情

价值百万的

9堂人生哲学课

第一课

把人做好了，你的世界也就好了

立业先立德，做事先做人。做任何事情，都是从做人开始的。古往今来，对人的要求，无不以做人为本。但凡伟人名家，总是立业先做人，最后总能实现双赢——事业有成，同时拥有人格的魅力。伟人名家如此，常人亦然。所以，为了实现更多的成功，我们一定要先把人做好，管好自己，完善自己，从自己做起，积极提高自身素养。

天使会飞，是因为他们把自己看得很轻

曾有个朋友问我："天使为什么会飞？"

当时，我觉得这是一个很可笑而且无聊的问题。在人们的印象里，天使一直就是会飞的。因为他们头上顶着光环，身上长有一对翅膀，当然是会飞的啦。

于是，我随口说道："天使会飞，是因为他们有一对翅膀！"

朋友摇摇头表示反对，然后很认真地说："天使会飞，是因为他们把自己看得很轻！"

听了他的回答，我有些迷惑了。

朋友接着说："天使本来是没有翅膀的。他们是上帝派到人间传递真善美的使者，但上帝看到他们来往于天堂和人间很辛苦，便赐予每个天使一对美丽的翅膀。但有了翅膀的天使还是飞不起来，他们便去问上帝，上帝告诉天使：'不要太看重自己，要多看重爱你的人类。'聪明的天使领会了上帝的想法：要想飞起来必须把自己看轻。之后，他们真的飞了起来，每天努力工作，传递天堂的信息，传达人间的愿望。人间也因为有了天使的存在，多了一份上帝的眷顾。"

"天使会飞，是因为他们把自己看得很轻！"多么有深意的一句话啊！反观我们人类为什么不能飞，就是因为把自己看得太重。现实生活中，如果我们也能把自己看轻一些，就不会怨天尤人、自命不凡，就能够专心于自己的事业。相信有一天，我们也会"飞"起来，飞往成功的顶峰。

一个自以为很有才华的年轻人，一直得不到重用，为此，他愁肠百结，异常苦闷。有一天，他去质问上帝："命运为什么对我如此不公？"上帝听了沉默不语，只是捡起了一颗不起眼的小石子，并把它扔到乱石堆中。上帝说："你去找回我刚才扔掉的那个石子。"结果，这个人翻遍了乱石堆，却无功而返。这时候，上帝又取下了自己手上的那枚戒指，然后以同样的方式扔到了乱石堆中。结果，这一次这个人很快便找到了他要找的东西——那枚金光闪闪的金戒指。上帝虽然没有再说什么，但是他却一下子便醒悟了：当自己还只不过是一颗石子而不是一块金光闪闪的金子时，就永远不要抱怨命运对自己不公平。

有许多人都和这位年轻人一样，总是抱怨上天的不公，以为自己很重要，以为自己很了不起，其实这不过是自以为是，高估了自己的能力。所以，我们要记住这句话："当我们相信自己对这个世界已经很重要的时候，这个世界才刚刚准备原谅我们的幼稚。"

生活中，不要将自己看得很重要，重要只是对自己而言。其实，有很多时候我们并不是很重要，也不是不可或缺的，世界不会因为缺少了我们而变得有所不同，我们只不过是假想自己很重要而已。

在现实生活中，我们总是迷失在错误的感觉中，自以为自己很重要，但实际上，在别人眼里却是微乎其微的。在芸芸众生之中，你只是一个名字、一个过客、一个无关痛痒的陌生人。别以为自己能对别人有多大的影响，对这个社会和世界有多大的改变。没有你的微笑，世界照样美好。所以，我们千万别自以为是，别以为自己有多么了不起，还是将自己看轻些比较好。

怀才就像怀孕，时间久了就会让人看出来

通常情况下，一个女人刚开始有身孕时，体型上没有明显的变化，人们无法从她的体态判断其是否怀孕。等到怀孕第三个月的时候，腹部才开始明显地扩大，这时，即使她不告诉别人自己怀孕了，时间久了，人们也会看出来的。其实，怀才也是如此。一个人满腹经纶，很有才华，即使他不说，时间久了，人们也会知道的。

但日常生活中，我们不难发现这样一些人，他们虽然才华横溢、思维敏捷，但一说话就令人感到狂妄，因此别人很难接受他的任何观点和建议。这种人多数都是因为太爱表现自己，总想让别人知道自己很有能力，处处想显示自己的优越感，从而能获得他人的敬佩和认可，结果却是失掉了自己的威信。所以说，做人还是应该保持谦虚低调。

人们常说"天不言自高，地不言自厚"。自己有无本事、本事有多大，别人都看得见，用不着自己去吹嘘。看看古今中外那些先哲伟人，即使取得了令人瞩目的成绩，也绝少有人因为自己具有足够资本而狂妄自大，相反，他们倒是非常自知而又非常谦虚的。所以，我们应该戒骄破满，做人谦虚一些、谨慎一些，多一点自知之明为好。

爱因斯坦是20世纪世界上最伟大的科学家之一，他的"相对论"以及他在物理学界其他方面的研究成果，是留给人类的一笔取之不尽、用之不竭的财富。然

而，就是他这样的一个人，还在有生之年不断地学习、研究，活到老，学到老。

有人去问爱因斯坦，说："您可谓是物理学界空前绝后的人物了，何必还要孜孜不倦地学习呢？何不舒舒服服地休息呢？"爱因斯坦并没有立即回答他这个问题，而是找来一支笔、一张纸，在纸上画上一个大圆和一个小圆，对那位年轻人说："在目前的情况下，在物理学这个领域里可能是我比你懂得略多一些。正如你所知的是这个小圆，我所知的是这个大圆，然而整个物理学知识是无边无际的。对于小圆，它的周长小，即与未知领域的接触面小，它感受到自己未知的少；而大圆与外界接触的这一周更长，所以更感到自己未知的东西多，会更加努力地去探索。"

1929年3月14日是爱因斯坦50岁生日。全世界的报纸都发表了关于爱因斯坦的文章。在柏林的爱因斯坦住所中，装满了好几篮子从全世界寄来的祝寿的信件。

然而，此时的爱因斯坦却不在自己的住所里，他在几天前就到郊外一个花匠的农舍里躲了起来。

爱因斯坦9岁的儿子问他："爸爸，您为什么那样有名呢？"

爱因斯坦听了哈哈大笑，他对儿子说："你看，瞎甲虫在球面上爬行的时候，它并不知道它走的路是弯曲的。我呢，正相反，有幸觉察到了这一点。"

爱因斯坦就是这样一个谦虚的人，名声越大，他就越谦虚。

可见，才识、学问愈高的人，在态度上反而愈谦卑，希望自己能精益求精，更上一层楼。相反，那些妄自尊大、过分自负的人总是喜欢炫耀自己的才能，引起别人的反感，最终在交往中使自己走到孤立无援的地步，别人都敬而远之，甚至厌而远之。

老子曾说："良贾深藏若虚，君子盛德，容貌若愚。"就是说，精明的商人总是隐藏其宝物，君子品德高尚，而外貌却显得愚笨。这句话告诉我们，做人要敛其锋芒，收其锐气，不要急于将自己的才能让人一览无余。只有学会谦虚做人，不要太过张狂，你才能受到人们的欢迎。

英格丽·褒曼在获得两届奥斯卡"最佳女主角"奖后，又因在《东方快车谋杀案》中的精湛演技获得"最佳女配角"奖。然而，在她领奖时，她却一再称赞与她角逐"最佳女配角"奖的弗伦汀娜·克蒂斯，认为真正获奖的应该是这位落选者，并由衷地说："原谅我，弗伦汀娜，我事先并没有打算获奖。"

褒曼作为获奖者，没有喋喋不休地叙述自己的成就与光辉，而是对自己的对手推崇备至，极力维护落选对手的面子。无论谁是这位对手，听到这话都会感激褒曼的，这实在是一种文明优雅的风度。

其实，一个人有多少本事，就算自己不说出来，别人也会看到的。与其滔滔不绝地吹嘘自己，不如保持谦虚的态度。俗话说，"木秀于林，风必摧之"、"枪打出头鸟"，一个人只有时刻保持谦虚的态度，他的路才能走得更远。

一撇一捺写个人，一生一世学做人

做人是一门艺术，更是一门学问。很多人之所以一辈子都碌碌无为，那是因为他活了一辈子都没有弄明白该如何做人。

"人"字的结构只有一撇一捺，但是要真正写好却非易事。一画朝天，两笔踏地，意为顶天立地。做一个好人不见得非得顶天立地，但起码要对得起良心。

做人的问题，是人人都很熟知的问题，也是个老生常谈的问题。但最熟知的，并不一定是最了解的，还往往因为熟知反而不去深入地思考。人生苦短却又坎坷残酷。与其将自己放逐于无际的黑暗中，不如静下心来，平平淡淡、踏踏实实地做人。一个人的学识也许尚在其次，但人品却决定着他做人的格局和生活的格调。

良好的品格是做人之本。做人要比赚钱更重要，你只有学会了做人，才有资格去赚钱。特别是在金钱的诱惑下，你一定要具有很强烈的道德责任感，并且高标准地要求自己，随时准备服从自己的良知，勇于坚持自己的信念，不计较自己的利益得失。

做人需要我们穷尽一生的时间来学习。在我们成长的路上或是人生任何的时刻，都需要不断地去矫正自己的言行，让自己以真善美的心姿融入生活的舞台上，赢得社会、生活、他人的信赖。

周江是一家实木出口公司的董事长。"要成功创业，必先讲究做人！首先要锤炼自己的人品，绝不能贪图一时一事之利而不讲操守，不讲信用！"这是周江一直以来坚持的信念，也是他走向成功的秘诀。

40年前的一个冬天，虽然当时他年纪还小，但这个冬天深深地刻在了周江的记忆深处，是他一生中最难以忘怀的。

当时，父亲的去世对他是一个沉重的打击。即使是这样，周江还是咬紧牙关、鼓足勇气，他希望自己能够带领全家平安地度过这个肃杀凄凉的冬天。

为了安葬父亲，周江含着眼泪去买坟地。按照当时的交易规矩，买地人必须付钱给卖地人之后才可以跟随卖地人去看地。

卖地给周江的，是两个客家人。周江将买地钱交给他们之后，便半步都不肯离开，坚持要看地。山路出奇的泥泞，寒意逼人的北风不时夹带着雨点迎面而来……这两个卖地人走得很快，周江一步接着一步地紧跟不舍。然而，不幸的是卖地人见周江是一个小孩子，以为好欺骗，就将一块埋有他人尸骨的坟地卖给他，并且用客家话商量着如何掘开这块坟地，将他人尸骨弄走……

可是，他们并不知道，周江听得懂客家话。周江震惊地想，世界上居然有如此黑心、如此挣钱的人，甚至连死去的人都不肯放过。周江深知这两个人绝不会退钱给他，就告诉他们不要掘地了，他另找卖主。

这次买地葬父的几番周折，深深地留存在周江的记忆深处，使他不仅受到了一次关于人生、关于社会真实面目的教育，而且对于即将走上社会、独自创业的周江来说，这是第一次付出沉重代价所吸取的相当痛苦的教训，也是周江所面临的在道义和金钱面前如何抉择的第一道难题。这促使周江暗下决心：不管将来创业的道路如何险恶，不管将来生活的情形如何艰难，一定要做到在生意上不能坑害人，在生活上乐于帮助人。

今天，周江是腰缠万贯的企业家了，但他对于人和人生的理解却并没有因为财富的增加而变得肤浅，相反，倒使他对做人的理解更加成熟和深刻了。他说："不管新老客户，给他们的承诺必须兑现。情愿自己吃亏，也不能让客户不满意。"正是这样的经营宗旨，使公司在每年进行的客户满意度调查中客户满意率达到99%。

周江几十年如一日坚持锤炼自身人品，坚守诚信经营的理念，把一家小作坊，逐步发展成为集生产、加工于一体的出口贸易公司，并通过创立企业品牌，赢得了市场。

人最值得尊重的，正是在追求和奋斗过程中表现出的优秀品格。如果把周江的成功归于幸运，那么真正的幸运是属于拥有优秀品格的人的。

做人是做事的前提和关键，也是决定事情成败的关键因素。生活促使我们不断地去学会做人，但有时候我们在生活中却对做人感到迷茫。这就要我们一生都要学做人，并且仍是要做到善良与平淡才是最真。古往今来，对人的要求，无不以做人为本。做人的方向错了，做事也就失败了。做任何事情，都是从做人开始的。做事先做人，做事的成功源于做人的精彩！

学会装傻，低调做人

装傻，就是揣着明白装糊涂。如果将装傻这件事干得漂亮，那就叫大智若愚。它是一种境界，是聪明人所为。

装傻，重在一个"装"字，"装"设计了巨大的假象与骗局，掩饰了真实的野心、权欲、才华、声望、感情。这种甘为愚钝、甘当弱者的低调做人术，实际上是精于算计的隐蔽，它鼓励人们不求争先、不露真相，让自己明明白白过一生。

在生活中，会装傻的人通常做人比较低调，隐晦自己，不会时时刻刻显示自己的聪明，注重自身修为、思想层次的提高，从而使自身思想境界达到了一个寻常人所无法企及的高度。会装傻的人也可以说是具有大智慧的人，他在言行上如愚蠢的人一般，掩饰自己高于他人的智慧，以避免因出风头所遭受麻烦和危险。这种大智慧者于表面上看，是与平常人无异，甚至要比平常人还不具有小聪明的特征。然而，大智慧者在其内心是能够识别事物的本相及其错综复杂的关系的。只是他为了避免自己由于超出平常人的智力，在所处环境中给他自己带来不必要的麻烦和风险，而装聋扮哑罢了。

美国第9任总统威廉·亨利·哈里逊出生在一个小镇上，他是一个很文静又怕羞的孩子，人们都把他看作傻瓜，常喜欢捉弄他。大家经常把一枚5分硬币和一枚1角硬币扔在他面前，让他任意捡一个，威廉总是捡那个5分的，于是大家都嘲笑他。有一天，一个好心人关心地问道："难道你不知道1角钱要比5分钱值钱吗？""当然知道，"威廉慢条斯理地说，"不过，如果我捡了那个1角的，恐怕就没人有兴趣扔钱给我了。"

故事中的威廉就在装傻，揣着明白装糊涂，其实他心如明镜，这就是所谓的"大智若愚"。"装傻"是一种技巧，它是一个人为某种所需而做出适时的"装傻"之举。

现代人都太精明了，殊不知，有时候"傻"才是人生最大的智慧。"傻"并不代表愚蠢和无知，它代表着出于自然的意志、天真率直以及超凡的灵感，这种"傻"其实是最大的聪明。

通常，装傻的人给人以消极、委屈、无能的感觉，使人第一次相见时难以产生好感，使人放弃戒惧或者与之竞争的心理，使人对他加以轻视和忽视。但装傻却是人为营造的迷惑外界的假象，目的正是为了要减少外界的压力，松懈对方的警惕，或使对方降低对自己的要求。如果要克敌制胜，那么可以在不受干扰、不被戒备的条件下，暗中积极准备，以奇制胜，以有备对无备。

装傻是大智若愚的一种表现，可以若无其事，装着不置可否的样子，不表明态度，然后静待时机，把自己的过人之处一下子展现出来，打对手一个措手不及。

曾经有三位日本人代表日本航空公司与美国的一家飞机制造公司谈判，日方为买方。美国公司为了抓住这次商业机会，挑选了最精明干练的高级职员组成谈判小组。谈判开始时双方并没有像常规谈判那样交涉问题，而是由美方展开了产品宣传攻势。他们在谈判室里挂满了产品图像，还有许多宣传资料和图片。他们用了两个半小时，三台幻灯放映机，放映了好莱坞式的公司介绍。他们这样做，一是要强调自己的谈判实力，二是想向三位日本代表做一次精妙绝伦的产品演示。在整个放映过程中，日方代表静静地坐在里面，全神贯注地观看。

放映结束后，美方高级主管不无得意地站起来，扭亮了电灯。此时，他脸上挂满了情不自禁的得意笑容，笑容里充满了期望和必胜的信念。他转身向三位显得有些迟钝和麻木的日方代表说："请问，你们的看法如何？"不料一位日方代表说："我们还不懂。"这句话大大伤害了美方代表，他脸上的笑容随即消失了，一股无名之火似乎正往上顶。他又问："你们说不懂，这是什么意思？哪一点你们还不懂？"另一位日方代表彬彬有礼、微笑着回答："我们全部没弄懂。"美国的高级主管又压了压火气，再问对方："从什么时候开始你们不懂？"第三位代表严肃认真地回答："从关掉电灯，开始幻灯简报的时候起，我们就不懂了。"这时，美国公司的主管感到严重的挫败感。但为了商业利益，他又重放了一次幻灯片，这次的速度比前一次慢多了。之后，他强压怒气，问日方代表："怎么样？该看明白了吧？"然而，日方代表端坐在位子上，若无其事地摇摇头。美国的高级主管一下子泄气了，他垂头丧气地斜靠着墙边，松开他昂贵的领带，显得心灰意懒、无可奈何。他对日方代表说："那么，那么……那么你们希望我们做些什么呢？既然我们所做的一切你们都不懂。"这时，一位日方代表慢条斯理地将他们的条件说了出来，他说得如此慢，以至使美国高级主管像回答讯问似的，毫无斗志地斜坐在那里，稀里糊涂地应答着，他的思维已经紊乱了，信念被摧毁了，根本没有什么有效反应。结果，日本航空公司大获全胜，成果之大，连他们自己也感到意外。

由此可见，"装傻"具有后发制人、出其不意的效果。智而示以愚，强而示以弱，能而示之不能，用而示之不用，其目的就是为了蒙蔽对手，争取主动权。

装傻，不是故意装疯卖傻，不是忍气吞声，也不是故作深沉，故弄玄虚，而是待人接物的一种方式，一种态度。 装傻，是含而不露，隐而不显，看透而不说透，知根而不亮底，凡事心里都一清二楚，而表面上，显得不知不懂不明不晰。

做人要学会装傻。要在糊涂与清醒之间、糊涂与聪明之间，随时随地注意把握应有的分寸，如果永远糊涂就会成为笑话。要从聪明中入，从糊涂中出，由聪明而转糊涂，由糊涂而转聪明。根本不知道怎样才可以使自己清醒的人，那是傻瓜。

总之，装傻是一种很高的人生境界。大智若愚，若愚非愚，非愚若愚，则大功成焉！

自以为是不量力，狂妄自大必自毙

俗话说："鼓空声高，人狂话大。"凡是狂妄自大的人，都过高地估计自己，过低地估计别人。他们口头上无所不能，评人论事谁也看不起，总是这个不行，那个也不行，只有自己最行。这些狂妄自大的人的结局往往是以失败告终。

明朝万历年间，有位京官名叫马绍良，此人虽满腹经纶，但非常高傲自负。一天，皇上叫他上殿赏诗，马绍良不知此诗是皇上所作，但见中间有两句是"明月上杆叫，黄犬宿花蕊"，就不假思索地说："此诗不通，明月怎能上杆叫，黄犬怎能宿在小小的花蕊里呢？"马绍良拿起皇上的朱砂笔，"唰唰唰"，将诗句改成"明月上杆照，黄犬宿花荫"。皇上看后微微一笑，遂将马绍良官降三级，贬到漳州任太守。马绍良觉得很晦气，只好带着家眷离京赴任。这天，他走到福建南部一座山岭下，突见花蕊中有条黄茸茸、胖乎乎的小虫子，诧异地问轿夫："这是什么虫子？"轿夫告诉他："黄犬虫，它习惯钻花蕊。"到了傍晚，马绍良一行住进一家客栈，传来鸟儿阵阵悦耳的鸣叫声。他便问店主："这么晚了，何鸟还在啼鸣？"店主回答道："大人，这是月亮鸟，此鸟只有月上中天才开始叫，故叫月亮鸟。"马绍良听后恍然大悟，从此谨慎为官，到年逾古稀方才官复原职，他非常悔恨自己年轻时狂妄自大，影响仕途。

一个人有才能是好事，但如果因为自己的才能而为人狂妄自大就不是什么好事了。狂妄往往是与无知和失败联系在一起的，人一旦狂妄往往就会招人反感，自然也很难得到别人的认可。狂妄自大的结局是自毁、是失败，这是被无数事实证明了的客观规律。

三国时期的祢衡，自幼聪明伶俐，对事物有辨别能力，有过目成诵、耳闻不忘之才能，成年后，尤显博学多识，但却有狂妄自大、恃才傲物的性格。当时的大司马北海太守孔融很器重祢衡的才华和抱负，就把他推荐给曹操。

曹操早闻祢衡狂妄自大，于是便派人把祢衡叫来，想当面侮辱他一回，打击他狂傲的气焰。祢衡来到，曹操大大咧咧地坐在座位上，并不起身，也不让祢衡坐，把他当成不值得看重、尊敬的属员、权仆，想以此羞辱他，从而提高自己的地位。

不料祢衡连看也不看曹操一眼，却仰天长叹："天地间虽然阔大，怎么竟连一个人也没有！"

"我手下有几十个人，都是当代英雄！你怎说没人？！"曹操不快地责问。

祢衡微笑，问："愿听您说说。"

曹操昂然介绍："荀彧、荀攸、郭嘉、程昱，智谋深远，就是萧何、陈平这两位汉初名臣也无法与之相比；张辽、许褚、李典、乐进，勇不可当，虽是岑彭、马武之类猛士也不及他们；其余，像吕虔、满宠、于禁、徐晃、夏侯惇、曹子孝，都可谓天下奇才、人间英烈，你能说我这里没有人吗？！"

祢衡冷笑道："这些人，我都了解。你那几个谋士文官，像荀彧、荀攸、郭嘉、程昱之流，不过只能干点儿吊丧看坟、关门闭户的杂役；张辽、许褚、乐进、李典之辈，也只配放马送信、磨刀铸剑、砌墙杀狗；至于其他人，更是酒囊饭袋、衣服架子而已！没一个算正经人物！"

曹操怒问："你有什么本事？"

"我上知天文，下晓地理，三教九流无所不晓，故典史籍无所不通。心怀大志，能拯救天下。岂是和你们这帮俗人相提并论的？！"祢衡道。

当时武将张辽在曹操身边，听了十分愤怒，拔剑要杀祢衡。

曹操制止住张辽，冷冷地说："这个狂妄的家伙，虽没真正治世救国的本事，却在文人间骗了个虚名。今天我们要杀了他，天下读书人定会诽谤我不能容人。他不是自以为天下第一能人吗？好，我就让他当我的一名鼓手，看他羞不羞！"

祢衡并不推辞，立即答应充当近于仆役的鼓手。

第二天，曹操大宴宾客，令祢衡站在厅前打鼓助兴。

祢衡穿一身破衣烂衫来到雍容华贵的宴会厅。左右众人喝道："为什么不换衣服？！"

祢衡当着众宾客的面，在大厅之上脱光了所有衣服，赤条条一丝不挂，昂然而立。曹操大怒："你怎敢朝堂之上，赤身裸体地污辱大臣，失礼天下？！"祢衡哈哈大笑："欺君犯上才是失礼。我暴露出父母给我的本来面目，有什么不光彩？你敢把你的里里外外全不掩遮地暴露在众人眼前吗？！"接着不容曹操答话，就一面击鼓，一面历数曹操的罪过丑行，痛快淋漓地骂了起来。

曹操怒视祢衡良久，忽然笑了笑："我马上派你到刘表处，作为我的专使说他来降。你有才华，曹某也最重天下人才。等你完成这个任务回来，我可以让你做公卿，以示我求贤若渴之诚意。"

祢衡并不称谢，受命而去。祢衡到了荆州刘表处，仍是一派名士风度，狂妄自大，对刘表也讽讥、责骂，一如既往。刘表很恼火，便让他再去另一个地方军阀黄祖处。

祢衡到黄祖那里，起初黄祖对于祢衡还是相当信任的，委任祢衡做文书工作。然而不久，祢衡狂妄自大的老毛病又犯了，在一次酒醉之后，他骂了黄祖，黄祖一动怒，就砍了他的头，祢衡死时才26岁。

祢衡的确有才，但恃才傲物，狂妄自大，终招杀身之祸，这不能不说是一个大教训。所以，我们要正确看待自己的才气，摆正自己的位置。如果狂妄自大、目空一切，终会落得个惨淡的下场。

做人要讲诚信

诚信是人们在公共交往中需要遵守的最起码的道德规范，它既是一种道德品质，也是一种公共义务，还是一个人能在社会生活中安身立命之根本，是人之所以为人的最重要的品德。

人一旦失去了诚信，就很难再找回。从本质上说，诚信是一种人品修养，是做人的根本准则。先哲孔子曰："人而无信，不知其可也。"信用，是最为可贵的。诚信，作为道德的重要内容，就是要求人们在一切生活中，做到实事求是，恪守信用。

迈克成立了一家网络公司，由于资金周转不灵，无奈只得向一位好友借了50万美元，并答应两年后还清。

两年的时间一晃就过去了，迈克的公司因某些原因仍然无法在短时间内还清好友的借款。迈克想尽所有办法，找到各种途径好不容易筹到了20万美元，可余下的30万美元实在无能为力了。这可如何是好呢？眼见日益接近还钱的日期，迈克愁得几乎头发都快白了。他的太太看着十分心痛，便提议让他向朋友求情，宽限几天还钱的日子或是先开张空头支票，等有了钱再赶紧补上。谁知，迈克非常生气地向太太吼道："这怎么可能！那我成什么了？"

经过一夜的反复思考，迈克决定把自己的别墅抵押给银行，希望银行能给他贷款30万美元。可最后银行只同意给他贷27万美元。无奈之下，迈克忍痛割爱，将别墅以30万美元的超低价出售给可以立即付现款的买主，结果他们一家人搬到了一处远郊的小平房里。迈克终于在期限之内还清了好友的欠款。

不久，好友打电话给迈克，说是周末想到他家聚聚，可没想到被平时非常好客的迈克一口回绝了。好友很是不解，于是独自前往他家想看个究竟。当好友经过千辛万苦，终于找到迈克的"新家"时，立刻被眼前的环境惊呆了。当他得知迈克竟是为了按期还款才变得如此时，感动不已。临走时，好友真诚地说："你这么讲信用，以后有事尽管找我。"

这件事很快传开了，迈克也以诚信出了名。又过了几年，因一次意外，迈克的公司再一次陷入了经济危机，很多朋友都纷纷主动向他伸出援助之手，帮他解决重重危机，让他重新迈入了成功企业家的行列，此后他的事业一直一帆风顺。

每当有人问起迈克的成功经验时，迈克都会深有感触地说："是诚信，诚信使我获得了财富，获得了成功。"

只有守信，才会有人信任你。只有做到了一诺千金，你的事业才有望发展、壮大并蒸蒸日上。

"小信成则大信也"，无论是做人还是做事，诚信在其中必不可少。一个讲诚信的人，能够前后一致，言行一致，表里如一，人们可以根据他的言论去判断他的行为，进行放心的交往。

1835年，摩根先生听一位朋友讲，一家名叫伊特纳的火灾保险公司为了扩大自己的实力，宣布凡是加入公司的新股东，无须马上注入资金，只要在股东名册上签下自己的名字，就可以成为该公司的股东，而且很快就会有良好的收益。摩根先生毫不犹豫地就在那本股东名册上签下了他的名字，成为伊特纳火灾公司的一名股东。

天有不测风云。也就在那一年的冬天，纽约突发了一场特大火灾。伊特纳火灾保险公司的股东们一个个傻了眼，纷纷退股来挽回自己的损失。珍惜自己信誉的摩根先生再三斟酌，决定舍财保信誉。他卖掉了自己苦心经营多年的旅馆和酒店，低价收购了大家的股份。他又通过其他融资渠道，以最快的速度将15万美元的保险赔偿返还给了投保人。一时间伊特纳火灾保险公司的声誉传遍了整个纽约城。

为了偿还赔偿金，摩根先生已经濒临破产，只剩下一个空壳般的保险公司，当然，摩根先生也成为这家公司最大的股东。他从朋友那里借钱，然后刊登广告：本公司为偿还保险金已经竭尽所能，从现在开始，再入本公司的投保人，保险金一律增加一倍。

第二天早晨，身上只有5美元的摩根先生拎着公文包上班。当走到公司所在的那条大街，只见那条大街被挤得水泄不通，许多前来投保的人挤在伊特纳火灾保险公司的大门口。不久摩根先生就买回了原来的旅馆和酒店，还净赚了30万美元。

这位摩根先生就是主宰华尔街帝国的摩根先生的祖父，是美国亿万富翁摩根家族的创始人。一场突发的火灾曾使摩根先生濒临破产，同样也是这场火灾成就了一个家族的事业。摩根先生成功的秘诀就是讲诚信，重信誉。

可见，一个人如果讲信用，那么他的事业将会走向成功，人生将会亮丽多姿。诚信是为人处世之本，诚信待人，它会点燃你生命的明灯，生活不会亏待诚信于人的人。只有守信的人，才会有人信任你。我们要利用好这个座右铭，不断激励自己，鞭策自己，做一个讲诚信的信义之人，在事业发展中取得骄人的成绩。

只要心存善意，途中便有天使

有一次，一位哲学家问他的许多学生："人生在世，最需要的是什么？"答案有许多。但最后有一位学生说："一颗善心！"哲学家说："你在这善心两字中，包括尽了别人所说的一切。因为有着善心的人，对于自己，则能自安自足，能去做一切与之适宜的事，对于他人，则他是一个良好的侣伴、可亲的朋友。"

可见，心存善意是哲人所推崇的境界和纯净超然的内心情感，是从容而流畅、平实而宽厚的处世风格。只有拥有一颗善良的心，才能更好地微笑面对身边的所有人，才能让生活更美好。

有位印度人曾经说过这样的话："如果某个人在路上发现有人中了箭，他不会关心箭从哪个方向飞来，也不会关心箭杆用什么木头做成，箭头又是什么金属，更不会关心中箭的人属于什么阶级。他不会过问这么多，只会努力去拔出那人身上的箭。"这就是善意，是人最本能、最原始的一种善意。正是这种善意使人类得以一代代地传承。

森林被皑皑白雪覆盖着，寒风从松树间呼啸而过。汉森太太和她的3个孩子围坐在火堆旁，她倾听着孩子们说笑，试图驱散自己心头的愁云。

一年以来，她一直用自己无力的双手努力支撑着家庭，但日子一直很艰难，正在烧烤的那条青鱼是他们最后的一顿食物。当她看着孩子们的时候，凄苦、无助的内心充满了焦虑。几年前，死神带走了她的丈夫。她可怜的孩子杰克离开森林中的家，去遥远的海边寻找财富，再也没有回来。

但直到这时她都没有绝望。她不仅供应自己孩子的吃穿，还总是帮助穷困的人。虽然她的日子过得也很艰难，但她相信在上帝紧锁的眉头后面，有一张微笑的脸！

这时门口响起了轻轻的敲门声和嘈杂的狗吠声。小儿子约翰跑过去开门，门口出现了一位疲惫的旅人，他衣冠不整，看得出他走了很长的路。陌生人走进来，想借宿一晚，并要一口吃的。他说："我已经有一天没吃过东西了。"这让汉森太太想起了她的儿子杰克，她没有犹豫，把自己剩余的食物分了一些给这位陌生人。

当陌生人看到只有这么一点点食物时，他抬起头惊讶地看着汉森太太。"这就是你们所有的东西？"他问道，"而且还把它分给不认识的人？你把最后的一口食物分给一个陌生人，不是太委屈你的孩子了吗？"

她说："我们不会因为一个善行而被抛弃或承受更沉重的苦难。"泪水顺着她的脸庞滑下："我亲爱的儿子杰克，如果上帝没有把他带走，他一定在世界的某个角落。我这样对待你，希望别人也这样对待他。今晚，我的儿子也许在外流浪，像你一样穷困，要是他能被一个家庭收留，哪怕这个家庭和我的家一样破旧，他一样会感到无比温暖的。"

陌生人从椅子上跳起，双手抱住了她，说道："上帝真的让一个家庭收留了你的儿子，而且让他找到了财富。哦！妈妈，我是你的杰克。"

他就是她那杳无音讯的儿子，从遥远的国度回来了，想给家人一个惊喜。的确，这是上帝给这个善良母亲最好的礼物。

由此可见，播种善良，才能收获希望。善良是一种境界，是一种人生的修养与提炼。《道德经》中说："天道无亲，常与善人。"这是告诉我们，在个人的修行上，主张独善其身、善心常在；与人交往时，讲究与人为善、乐善好施；在待人接物方面，强调心存善意、善待他人。心怀善念，不仅是一种善良，还是一种智慧，任何时候，"与人为善"都是最明智的选择。

古人有云："心净生智能，行善生福气。"有一颗充满善意的心，行为和语言就会大不一样。心怀善意的人，人生的路必将越走越宽。

只要我们从内心深处奉献出我们的善意和真诚，就能收获意想不到的成功。成功没有秘诀，凡事但尽善意。释放善意，你将会获得成功，收到梦寐以求和意想不到的效果。

价值百万的

9堂人生哲学课

第二课

冬天已经到了，春天还会远吗

　　寒冷的冬天过后，就会迎来温暖的春天，这是自然界的辩证法，冬天孕育着春天，冰雪滋养着绿色的希望。其实，人生又何尝不是如此。冬天在冰雪中穿行，你是否依然抬头寻找晨曦，微笑着埋下希望的种子？生命的冬天里，心在迷茫痛苦中饱受煎熬，你是否依然相信最初的梦想，倔强地走向远方？春来草自青，其实春天是属于每一人的，只要你耐得住寒冬；成功是属于每一个人的，只要你始终心存希望。

前方是绝路，希望在转角

人生不能没有希望，所有的人都是生活在希望当中的，有希望的人生才能一路充满温暖的阳光。假如真的有人是生活在无望的人生当中，那么他只能是人生的失败者。

人的一生不可能总是一帆风顺。历数古今，无数成功人士在成功道路上都会遇到各种各样的挫折。但是，成功的希望总能给他们以巨大的力量。相反，有许多曾经胸怀大志的人却最终一事无成，其中一个重要原因是在困难面前他们失去了希望。西班牙思想家松苏内吉曾说过："我唯一不能缺少的东西就是希望。"当拥有了希望，无论在怎样的黑暗之中也会看到光明，无论经历怎样的痛苦也会感到快乐。在漫漫的人生道路上，希望就像是无边大海中的灯塔，指引着我们前进。

有这样一个在困境中燃起生命和希望之火的故事：

一天早上，欧文与几个建筑工人，爬上一幢小房子的屋顶工作。那天天气极其闷热，而他们所做的工作又异常棘手。欧文当时正在一个木架上工作，主管叫他递过来一件工具。欧文伸手去取的时候，忽然，一根木条因不能承托他的重量而折断了。他踩了个空。

这一跌非同小可，因为他180斤重的庞大身躯是头先着地的。欧文后来回忆说："我的头先坠地，跟着身躯下压，使我的前额像扭扭棒一样扭曲地顶住我的胸膛。在那一刻，双脚已没有知觉了。

"当别人把我的头放在枕头上，我才开始感觉到痛楚，那痛楚越来越厉害，我只好叫他们把枕头移走。我觉得头颅与身躯好像只有一根线连着。每次我把头稍作移动，痛楚就会加剧。我以为那根线快要断了，头颅也要与身体分家了。我挣扎着保持清醒。

"不久，救援队到了，他们要把担架放在我的身躯下，我非常害怕，因为我的痛楚已非常难耐了。不过，医生不断地安慰我，同时以利落的专业手法移动我，使我的痛苦不至大大增加。

"在医院里，脑科专家把我移上X光台，然后把我的头移到照X光的最佳位置。我以前虽然也经历过痛苦，但那一次的经历毕生难忘。不久，X光报告出来了，医生证实我的椎骨在第五和第六节之间折断了。

"那一夜，我半睡半醒，反复回忆当天所发生的事。

"就在这既痛苦又迷糊的时候，我记起罗斯福总统的话：'我们需要害怕的，就是害怕本身。'

"第二天当我醒来后。头部两旁的支架提醒了我身在何方。不久我发觉，我愈减少活动，痛苦就会愈少。我觉得胸口以下像木乃伊一样。这种感觉非常恐怖，因为这意味着我的知觉已完全失去了。"

以后数周，一切测试都证明欧文已终身残疾。但他仍抱有希望。他希望会有奇迹发生，他的脊梁骨会愈合，为大脑传递信息。

因此，他全心全意去找寻复原之道，想知道怎样做才可以使自己复原。他并没有向人问及自己的情况，因为他从两个护士的对话中，已知道自己四肢瘫痪了。欧文从未见过四肢瘫痪的人，但此刻他知道自己头颈以下的身躯已不能再动了！

这位年轻的丈夫和父亲要面对的是无比艰辛的日子，但没有人比他更坚强。

他说："我要活下去。我要凭着渴望、意志活下去。我要激发求生的意志，并要撑下去，我要去医治，我要发挥自己的潜能。我要专心培养这些信念。而决心必会使我成功。我永不放弃！"

8年后，欧文几乎需要以轮椅代步，但他仍说他的生命是美好的。

他说："我不会让自责、埋怨和憎恨占有任何位置。我深信憎恨只会带来破坏。我要带着爱去生活，虽然我的身躯伤残，但我的心仍保持着功能。我现在认识到那些真正伤残的人，是那些只以外表完美作为美的标准的人。

"有时在超级市场坐着电动轮椅在货架中穿行时，小朋友会瞪大好奇的眼睛望着我，但我只要向他们笑笑或眨一下眼就可以应付了。有一次，一个小朋友还对我说：'哇，你真勇敢啊！'"

欧文今天所做的，并不局限于和小朋友打招呼，他有自己的生意。他为酒店安排专业的保姆服务，还在"新希望"电话辅导中心当义务咨询员。

欧文找到了新希望，因此，他的事迹可以为在困境的人灌注新的希望。

世上没有绝望的处境，只有对处境绝望的人。我们知道，人生之路，就是不断战胜困难和面对考验的路。困难并不可怕，可怕的是不能以正确的态度面对困难，在困难中使人倒下的往往不是困难本身，而是消极悲观的态度，是缺乏战胜困难的勇气和信心，是没有坚强的意志。

她"与众不同"，因为从小就患上了小儿麻痹症，随着年龄的增长，她的忧郁和自卑感越来越重，甚至，她拒绝着所有人的靠近。但也有个例外，邻居家那个只有一只胳膊的老人却成为她的好伙伴。老人是在一场战争中失去一只胳膊的，老人非常乐观，她非常喜欢听老人讲的故事。

这天，她被老人用轮椅推着去附近的一所幼儿园，操场上孩子们动听的歌声吸引了他们。当一首歌唱完，老人说："我们为他们鼓掌吧！"她吃惊地看着老人，问道："我的胳膊动不了，你只有一只胳膊，怎么鼓掌啊！"老人对她笑了笑，解开衬衣扣子，露出胸膛，用手掌拍起了胸膛……那是一个初春，风中还有着几分寒意，但她却突然感觉自己的身体里涌动起一股暖流。老人对她笑了笑，说着："只要努力，一只巴掌一样可以拍响。你一样能站起来的！"

那天晚上，她让父亲写了一个纸条，贴到了墙上，上面是这样的一行字：一只巴掌也能拍响。从那之后，她开始配合医生做运动。甚至在父母不在时，她自己扔开支架，试着走路。蜕变的痛苦是牵扯到筋骨的。她怀有无限的希望，她坚持着，因为她相信自己能够像其他孩子一样行走，奔跑……

11岁时，她终于扔掉支架。她又向另一个更高的目标努力着，她开始锻炼打篮球和田径运动。1960年罗马奥运会女子100米跑决赛，当她以11秒18第一个撞线后，掌声雷动，人们都站起来为她喝彩，齐声欢呼着这个美国黑人的名字：威尔玛·鲁道夫。那一届奥运会上，威尔玛·鲁道夫成为当时世界上跑得最快的女人，她共摘取了3枚金牌，也是第一个黑人奥运女子百米冠军。

威尔玛·鲁道夫的成功，正是她即使在困难中也绝不放弃希望的结果。保持"希望"的人生是有力的，失掉"希望"的人生，则通向失败之路。"希望"是人生的力量，在心里一直抱着"美梦"的人是幸福的。也可以说抱有"希望"活下去，是只有人才被赋予的特权，只有人，才由其自身产生出面向未来的希望之"光"，才能创造自己的人生。

把春天装在心中，人生就没有冬季

春天是一个季节，它预示着播种和希望，是自信和快乐的。在四季交替的自然界中，没有永远的春天，也没有永远的冬天。只要心中装有春天，那么暖融融的阳光便会永远照耀。同样，在人生的道路上也是如此。即使你遇到冬季，只要把春天装在心中，就能够穿透一切的风雪雨霜，保护你心中那片生命的希望绿洲。所以，在姹紫嫣红的春天别忘了冰天雪地的冬天，在寒冷的冬天更不要放弃春的希望。

　　从前，有一老一小两个相依为命的盲人，每日里靠弹琴卖艺维持生活。一天，老盲人终于支撑不住病倒了。他自知不久将离开人世，便把小盲人叫到床头，紧紧拉着小盲人的手，吃力地说："孩子，我这里有个秘方，这个秘方可以使你重见光明。我把它藏在琴里面了，但你千万要记住，你必须在弹断第一千根琴弦的时候才能把它取出来，否则，你是不会看到光明的。"小盲人流着眼泪答应了师父。老盲人含笑离去。

　　一天又一天，一年又一年，小盲人将师父的遗嘱铭记在心，不停地弹啊弹，将一根根弹断的琴弦收藏着。当他弹断第一千根琴弦的时候，少年盲人已到垂暮之年，变成一位饱经沧桑的老者。他按捺不住内心的喜悦，双手颤抖着，慢慢地打开琴盒，取出秘方。

　　然而，别人告诉他，那是一张白纸，上面什么都没有。泪水滴落在纸上，他笑了。

　　很显然，老盲人骗了小盲人。但这位过去的小盲人如今的老盲人，拿着一张什么都没有的白纸，为什么反倒笑了？因为就在他知道"秘方"的那一瞬间，突然明白了师父的用心。虽然是一张白纸，但是他从小到老弹断了一千根琴弦后，却悟到了这无字秘方的真谛——在希望中活着，才会看到光明。

　　任何时候人都要有希望，因为只有有了希望，生命才会有活力。人的一生中，往往会遇到很多的挫折与不幸，我们会有无助与失落的时候，我们也会感觉到绝望。此时，唯有重新燃起希望的火苗，让自己有足够的勇气与信念活下去，才会成就人生的辉煌。

只要我们把春天装在心中，只要我们心中有一颗希望的种子，那么就一定会创造出奇迹。时刻对未来怀有希望，并为之锲而不舍地奋斗，才是具有最高信念的人，才会成为人生的胜利者。

亚历山大大帝给希腊世界和东方世界带来了文化的融合，开辟了一直影响到现在的丝绸之路的丰饶世界。据说他投入了全部的青春活力，出发远征波斯之际，他曾将所有的财产分给了臣下。

为了登上征伐波斯的漫长征途，他必须买进种种军需品和粮食等物，为此他需要巨额的资金，但他把从珍爱的财宝到他所有的土地，几乎全部都给臣下分配光了。

君臣之一的庇尔狄迦斯，深以为怪，便问亚历山大大帝："陛下带什么启程呢？"

对此，亚历山大回答说："我只有一个财宝，那就是'希望'。"

庇尔狄迦斯听了这个回答以后说："那么请允许我们也来分享它吧！"于是他谢绝了分配给他的财产，而且臣下中的许多人也仿效了他的做法。

在人生这个征途中，最重要的既不是财产，也不是地位，而在于自己胸中像火焰一般燃烧起的一念，即"希望"。因为那种毫不计较得失、为了巨大希望而活下去的人，肯定会生出勇气，不把困难当回事，肯定会激发出巨大的激情，开始闪烁出洞察现实的睿智之光，与时俱增、终生怀有希望的人，才是具有最崇高信念的人，才会成为人生的胜利者。

鲁迅曾经说过："希望是附丽于存在的，有存在，便有希望，有希望，便是光明。"希望是激励我们前进的巨大的无形动力。只要我们把春天装在心中，人生就没有冬季；只要我们满怀希望，我们就能走出困境，重新看到光明。

先让子弹飞一会儿，凡事要有耐心

2010年，姜文主演的一部电影——《让子弹飞》红遍了大江南北，其影片名字"让子弹飞"这四个字，也成了人们日益流行的口头语。那么，"让子弹飞"是什么意思呢？说白了就是，我已经开枪了，你什么都没看到，不要着急，让子弹再飞一会儿，你就会看到结果。

的确，子弹飞得再快也需要时间，不能急。无论做什么事情都一样，不可能一蹴而就。只要让子弹飞起来，慢慢地来，总会看到结果的。所以说，什么事情都有一个过程，急不得。

有这样一个古老的传说：

在大海旁的一个渔村中，住着张三和李四两个渔民，他们俩都梦想成为富翁，摆脱每天捕鱼的生活。有一天夜里，张三做了一个梦，梦里有人告诉他对岸岛上的寺里有99株朱槿树，开红花的一株朱槿下面埋了一坛黄金。张三满心欢喜地驾船去了小岛，岛上一切景色果然如梦中人所说。春天一到，99株朱槿树全都盛开，只不过开的是清一色的淡黄花。张三便垂头丧气地回去了。李四知道了这件事后也来到了寺里，从秋天等到第二年春天。果然，在春风的吹拂下，朱槿花凌空开放，一株朱槿树盛开出美丽绝伦的红花。李四激动地在树下挖出一坛黄金，成为村里最富有的人。

在命运的面前，不妨多拿出一点耐心，哪怕多等一天、多等一个小时、多等一分钟，结果可能就会截然不同。

俗话说：欲速则不达。成功不是一天造成的，要有耐心才行。当我们为某个目的努力奋斗了一段时间而未果的时候，如果没有足够的耐心而放弃了，那么，成功将会与你擦肩而过。

现实生活中，很多人都有积极行动的勇气，却常常缺乏等待胜利果实到来的耐心。成大事，很多情况下不能大急大躁，而应有足够的信心和耐心等待机会和创造机会。

有一位精深佛法的老和尚。一次，他应邀去一个寺庙讲经。

那天，寺庙的大厅里座无虚席，人们在热切地、焦急地等待着那位大师做精彩的演讲。在寺庙大厅的正中央吊着一个巨大的铁球，为了这个铁球，厅上搭起了高大的铁架。

一位老和尚在人们热烈的掌声中走了出来，站在铁架的一边。

人们惊奇地望着他，不知道他要做出什么举动。

这时两位小和尚，抬着一个大铁锤，放在老者的面前。此时，老和尚对在场的人讲："请两位身体强壮的人，到台上来。"好多年轻人站起来，转眼间已有两名动作快的跑到了台上。

老人告诉他们游戏规则，请他们用这个大铁锤，去敲打那个吊着的铁球，直到把它荡起来。一个年轻人抢着拿起铁锤，拉开架势，抡起大锤，全力向那吊着的铁球砸去，一声震耳的响声过后，吊球动也没动。他接着用大铁锤接二连三地砸向吊球，很快他就气喘吁吁。另一个人也不示弱，接过大铁锤把吊球打得叮当响，可是铁球仍旧一动不动。台下逐渐没了呐喊声，观众好像认定那是没用的，就等着老和尚做出解释。

会场恢复了平静，老和尚从上衣口袋里掏出一个小铁锤，然后认真地对着那个巨大的铁球敲打起来。

他用小锤对着铁球"咚"地敲一下，然后停顿一下，再一次用小锤"咚"地敲一下。人们奇怪地看着，老和尚就那样"咚"地敲一下，然后停顿一下，就这样持续地做。

10分钟过去了，20分钟过去了，会场早已开始骚动，有的人干脆叫骂起来，人们用各种声音和动作发泄着他们的不满。老和尚仍然敲一下小锤停一下地工作着，他好像根本没有听见人们在喊叫什么。人们开始愤然离去，寺庙大厅里出现了大片大片的空缺。留下来的人们好像也喊累了，会场渐渐地安静下来。

大概在老和尚敲打了40分钟的时候，坐在前面的一个人突然尖叫一声："球动了！"刹那间会场鸦雀无声，人们聚精会神地看着那个铁球。那球以很小的幅度动了起来，不仔细看很难察觉。老和尚仍旧一小锤一小锤地敲着，吊球在老和尚一锤一锤的敲打中越荡越高，它拉动着那个铁架子"哐哐"作响，它的巨大威力强烈地震撼着在场的每一个人。终于场上爆发出一阵阵热烈的掌声，在掌声中老和尚转过身来，慢慢地把那把小锤揣进兜里。

老和尚开口讲话了，他只说了一句话："在成功的道路上，你如果没有耐心去等待成功的到来，那么，你只好用一生的耐心去面对失败。"

俗话说，"十年磨一剑"。成大事，在很多情况下不能大急大躁，而应有足够的耐心等待机会和创造机会。耐心是成功的磨刀石，学会了等待，离成功也就不远了。

现代社会，随着生活节奏的加快，很多人都陷入了对速度的盲目崇拜当中，人们变得越来越没有耐心去等待。可是，人生是一场马拉松竞赛，而非百米冲刺，比的是耐力而不是爆发力。要想取得人生最后的胜利，你必须经过一段非常漫长的等待，才可以看到结局。

人生就像一杯茶，不会苦一辈子

喝过茶的人都知道，刚刚沏泡的茶，比较浓，喝起来通常是比较苦的，但经过几次续杯后，茶的味道就会渐渐地变淡了。其实人生就像一杯茶，可能你会经历一些磨难，但痛苦总会过去的，只会苦一阵子，绝不会苦一辈子。

在生活的海洋中，事事如意、一帆风顺地驶向彼岸的事情是很少的。或学习上遇到困难，或工作中受到挫折，或生活上遭到不幸，或事业上遭到失败，这些都有可能发生。当困难出现时，我们不要唉声叹气，自认倒霉；也不要悲观绝望，自暴自弃；更不要怨天尤人，诅咒命运。而应该在厄运和不幸面前，不屈服，不后退，不动摇，顽强地同命运抗争。在重重困难中冲开一条通向胜利的路，成为征服困难的英雄，掌握自己命运的主人。

李·艾柯卡是一个传奇人物，在美国，他的名字家喻户晓。他曾是美国福特汽车公司的总经理，也是克莱斯勒汽车公司的总经理。作为一个强者，他的座右铭是："奋力向前。即使时运不济，也永不绝望，哪怕天崩地裂。"他1985年发表的自传，成为非小说类书籍中有史以来最畅销的书，印数高达150万册。

李·艾柯卡的一生苦乐参半，他不光有成功的欢乐，也有挫折的懊丧。1946年，21岁的艾柯卡到福特汽车公司当了一名见习工程师。但他对和机器做伴、做技术工作不感兴趣。他喜欢和人打交道，想搞经销。于是，艾柯卡靠自己的奋斗，由一名普通的推销员开始做起，终于一步一步地当上了福特公司的总经理。

没有天天都是顺风顺水的好日子，生活中总会有些磨难。1978年7月13日，对李·艾柯卡来说是不幸的一天。就在这天，他被妒火中烧的大老板亨利·福特开除了。当了 8 年的总经理、在福特已工作32年、从来没有在别的地方工作过的李·艾柯卡，突然间失业了。昨天他还是英雄，今天却好像成了麻风病患者，人人都远远避开他，过去公司里的所有朋友都抛弃了他，这是他生命中最大的打击。"艰苦的日子一旦来临，除了做个深呼吸，咬紧牙关尽其所能外，实在也别无选择。"艾柯卡是这么激励自己的，最后也是这么做的。他没有倒下去。他接受了一个新的挑战：应聘到濒临破产的克莱斯勒汽车公司出任总经理。

在以后的5年里，面对着克莱斯勒这艘有待抢救的沉船，艾柯卡凭借着他的智慧、胆识和魄力，大刀阔斧地对企业进行了整顿、改革，并向政府求援，舌战国会议员，取得了巨额贷款，重振企业雄风。1983年8月15日，艾柯卡把面额高达8亿多美元的支票，交到银行代表手里。至此，克莱斯勒还清了所有债务。而恰恰是5年前的这一天，亨利·福特开除了他。

如果艾柯卡不是一个坚忍的人，不敢接受新的挑战，在巨大的打击面前一蹶不振、偃旗息鼓，那么他永远只是一个微不足道的小人物。然而，正是因为他拥有不屈服挫折和敢于面对困难的精神，才成就了事业上的辉煌。

一位哲人说过：一个人绝对不可在遇到困难时，背过身去试图逃避。若是这样做，只会使困难加倍。相反，如果面对它毫不退缩，困难便会减半。在人生的旅途上，遇到各种各样的困难是在所难免的。面对困难，是想方设法战胜它，还是绕道走？勇敢者的选择只能是前者。因为只有勇敢地战胜困难，我们的人生才有意义，我们的事业才能成功。

做事情不抛弃、不放弃

随着电视剧《士兵突击》的热播，观众好评如潮，而出自许三多之口的"不抛弃，不放弃"也已成为一句时代流行语。

许三多是一个木头木脑的人，面对非难的时候，只知道傻笑，面对困难的时候，选择了努力。他从一个普通士兵成长为一名优秀的特种兵，在这个过程中，他诠释了"不抛弃，不放弃"的精神。同时也告诉人们，世上的事，哪怕再苦、再难，只要我们不放弃，不断努力去做，我们就有希望，就能战胜一切困难，就有成功的可能。

不幸的是世界上有太多的放弃者。做什么事都会有挫折与困难，一遇到挫折与困难就放弃，有人坚持一次就放弃，有的人坚持两次后放弃，也有的人坚持了五次后放弃，不管几次，放弃的结果是一样的——失败。

人生的道路上经常会出现困难和挫折，此时，你要懂得选择，选择永不放弃，而不是失去信心。你要在逆境中看到希望和未来，身处逆境而处变不惊，这不仅是对你的考验，也是你人生中一道奇特的风景。

"行百里者半九十。"最后的那段路，往往是一道最难跨越的门槛。其实每一个人的一生中，无论工作或生活，都会或多或少地出现这样那样的极限环境，或者说极限困境。有的时候就需要那么一点点毅力，一点点努力的坚持，成功就能触手可及，而不是充满遗憾地擦肩而过。

世上的事，只要不断努力去做，就能战胜一切。哪怕事情再苦、再难，只要我们不放弃，只要我们再坚持一下，我们就有希望，就有成功的可能。

命运全在搏击，奋斗就有希望。失败只有一种，那就是放弃。在困难面前，永远不要轻易说放弃。放弃必然导致彻底的失败。而不放弃，总会找到解决的办法，总会有所收获。所以，无论遇到什么困难，我们永远都不要轻易放弃！不放弃，是你跃过峻岭沟壑的勇气，涉过激流险滩的毅力，拥有了它，你会走出今日的困惑，拥有了它，你便拥有了一个光辉灿烂的明天。

不在于力量大小，而在于能坚持多久

我们每个人都渴望成功！那么，成功的秘诀是什么呢？是坚持！成功出自坚持，坚持就是胜利！

有这样一个故事：

一对从农村来城里打工的兄弟，几经周折才被一家礼品公司招聘为业务员。

他们没有固定的客户，也没有任何关系，每天只能提着沉重的钟表、影集、茶杯、台灯以及各种工艺品的样品，沿着城市的大街小巷去寻找买主。五个多月过去了，他们跑断了腿，磨破了嘴，仍然到处碰壁，连一个钥匙链也没有推销出去。

无数次的失望磨掉了弟弟最后的耐心，他向哥哥提出两个人一起辞职，重找出路。哥哥说，万事开头难，再坚持一阵，兴许下一次就有收获。弟弟不顾哥哥的挽留，毅然告别那家公司。

第二天，兄弟俩一同出门。弟弟按照招聘广告的指引到处找工作，哥哥依然提着样品四处寻找客户。那天晚上，两个人回到出租屋时却是两种心境：弟弟求职无功而返，哥哥却拿回来推销生涯的第一张订单。一家哥哥登过 4 次门的公司要召开一个大型会议，向他订购250套精美的工艺品作为与会代表的纪念品，总价值20多万元。哥哥因此拿到两万元的提成，淘到了打工的第一桶金。从此，哥哥的业绩不断攀升，订单一个接一个而来。

几年过去了，哥哥不仅拥有了汽车，还拥有一百多平方米的住房和自己的礼品公司。而弟弟的工作却走马观灯似的换着，连穿衣吃饭都要靠哥哥资助。

弟弟向哥哥请教成功的真谛。哥哥说："其实，我成功的全部秘诀就在于我比你多了一份坚持。"

从这个故事中可以发现：做事成败的关键在于能否坚持到底，三分钟的热度必将导致半途而废，只有坚持不懈的人才能走向最后的成功。

在生活和事业中，我们往往因为缺少这种精神而和成功失之交臂。有的时候，成功者与失败者之间的区别也就仅仅在于是否能够坚持到底。

20世纪70年代是世界重量级拳击史上英雄辈出的年代。4年来未登上拳台的拳王阿里此时体重已超过正常体重20多磅（1磅＝0.4536千克），速度和耐力也已大不如前，医生给他的运动生涯判了"死刑"。然而，阿里坚信"精神才是拳击手比赛的支柱"，他凭着顽强的毅力重返拳台。

1975年9月30日，33岁的阿里与另一拳坛猛将弗雷泽进行第3次较量（前两次一胜一负）。在进行到第14回合时，阿里已精疲力竭，濒临崩溃的边缘，这个时候一片羽毛落在他身上也能让他轰然倒地，他几乎再无丝毫力气迎战第15回合了。然而他拼着性命坚持着，不肯放弃。他心里清楚，对方和自己一样，也是只有出气的力气了。比到这个地步，与其说在比气力，不如说在比毅力，就看谁能比对方多坚持一会儿了。他知道此时如果在精神上压倒对方，就有胜出的可能。于是他竭力保持着坚毅的表情和誓不低头的气势，双目如电，令弗雷泽不寒而栗，以为阿里仍存有体力。这时，阿里的教练邓迪敏锐地发现弗雷泽已有放弃的意思，他将此信息传达给阿里，并鼓励阿里再坚持一下。阿里精神一振，更加顽强地坚持着。果然，弗雷泽表示"俯首称臣"，甘拜下风。裁判当即高举起阿里的臂膀，宣布阿里获胜。这时，保住了拳王称号的阿里还未走到台中央便眼前漆黑，双腿无力地跪在了地上。弗雷泽见此情景，如遭雷击，他追悔莫及，并为此抱憾终生。

在最艰难，也是最关键的时刻，阿里坚持到胜利的钟声敲响的那一刻，成就了他辉煌人生中的又一个传奇。

成功与失败之间就只有短短的距离，一个人能否成功就在于能否坚持到最后。

"骐骥一跃，不能十步；驽马十驾，功在不舍。"同样，成功的秘诀不在于一蹴而就，而在于持之以恒。任何伟大的事业，成于坚持不懈，毁于半途而废。

练就"忍"的功夫

古人云："忍人之所不能忍，才能为人所不能为。"古今中外成大事者，都有"忍"的品质。"忍"是强者的处世态度，同样也是弱者的生存法宝。忍一时，风平浪静；退一步，海阔天空。"忍"作为战胜对手的有力武器，不知成就了多少企业家、政治家、军事家和外交家。

春秋时期，狼烟四起，战火不断，马声嘶啸，车碾云乱，吴王夫差凭着自己国力强大，领兵攻打越国。结果越国战败，勾践被迫屈膝投降，并随夫差至吴国。吴王为了羞辱勾践，派他做看墓与喂马这些奴仆才做的工作。勾践心里虽然很不服气，但仍然极力装出忠心顺从的样子。吴王出门时，他走在前面牵着马；吴王生病时，他在床前尽力照顾，吴王看他这样尽心伺候自己，觉得他对自己非常忠心，最后就允许他返回越国。

勾践回国以后，决心洗刷自己在吴国当囚徒的耻辱。为了告诫自己不要忘记报仇雪恨，他每天睡在坚硬的木柴上，还在门上吊一颗苦胆，吃饭和睡觉前都要品尝一下，为的就是要让自己记住教训。他还经常到民间视察民情，替百姓解决问题，让人民安居乐业，同时加强军队的训练。除此之外，他重用范蠡、文种等贤人，经过"十年生聚而十年教训"，使越之国力渐渐恢复起来。可是吴对此却毫不警惕。公元前428年，勾践亲自率领军队进攻吴国，成功取得胜利，吴王夫差羞愧得在战败后自杀。后来，越国又乘胜进军中原，成为春秋末期的一大强国。

想想看，如果没有忍住一时屈辱，勾践哪还有机会来施展自己的满腹韬略呢？又怎会有后来的丰功伟绩呢？

忍耐不是一个抽象的概念，而是内涵丰富的一种谋略，忍耐不是消极沉默，而是蓄势待发。忍耐实质上是一种动态的平衡，当量积累到一定程度的时候必然会发生质的转换。忍耐是意志的磨炼、爆发力的积蓄，忍耐是无奈时的智慧选择，是暴风雨中明丽彩虹的酝酿。要学会忍耐，重要的是我们要耐得住寂寞、失落，甚至屈辱和辛苦，等待和把握好进攻的最佳时机。

事物总是在不断地运动和变化，机会存在于忍耐之中，对于垂钓者来说，最好的进攻方式就是忍耐。大机会往往蕴藏在大忍耐之中，大丈夫志在四方，岂可为鸡毛蒜皮的小事而乱了大谋！忍耐不是停止、不是逃避、不是无为，而是守、蓄积、迂回前进。当命运陷入无可掌控之时，就要心平气和地接纳这种弱势，坚强地忍耐弱者的地位，在守弱的基础上积累实力，一点点发愤图强，使自己慢慢脱离弱者的不利地位，适时出击，争取赢得新的成功机会。

只有忍才能不败！忍能保身，忍能成事，忍是大智、大勇，忍是成大事的前提。懂得忍耐有利于成就事业，意气用事只会错失良机。面对别人的侮辱和伤害，我们没必要急急忙忙以一种对抗的方式来证明自己并非软弱可欺，因为路遥知马力，日久见人心，有效地忍耐，会使我们获得更多的收益。

人的一生当中会遇到很多问题，如果你能忍第一个问题，你便学会了控制你的情绪，以后碰到大的问题，自然也能忍，也自然能忍到最好的时机再把问题解决，这样才能成就大事业！

价值百万的

9堂人生哲学课

第三课
没有如意的生活，只有看开的人生

人生十有八九不如意。在现实生活中，如意的事情似乎总是很少，多的是失意与苦痛。但生活总是要过下去的。正所谓：日出东海落西山，愁也一天，喜也一天；遇事不钻牛角尖，人也舒坦，心也舒坦。所以，我们要用开放的心态去看待人生，让生命如虎添翼，抽干一切浮躁在心中的恶水，注入一股清新的泉流，还一个清静的灵魂，容江海之天下。

寻找属于自己的快乐

有这样一个小故事：

从前，有一只小猪，生活得很快乐。它每天不用早起，也不用辛苦地劳动，只是吃完了睡，睡完了吃，偶尔还在泥里撒欢打滚。有一个农夫每天日出而作日落而息，生活得很辛苦。他十分羡慕这头小猪，并打算像小猪一样过无忧无虑的生活。于是，他每天吃完了睡，睡完了吃，在泥里撒欢打滚寻找快乐。可这样做了之后，他发现自己并不快乐。每天只是吃饭睡觉不干活，他开始担心地里的庄稼会长虫子；在泥里撒欢打滚后又要洗澡洗衣服，他觉得不卫生而且很麻烦；周围的邻居都用异样的眼光看他，又让他觉得很不自在。农夫终于发现这不是他想要的生活，更不能得到他想要的快乐。于是，他又恢复了以前的生活。

这个故事听起来很可笑，但其中却蕴含着深刻的道理：别人的快乐是不可以模仿和复制的。虽然你可以像猪一样地生活，但却永远不能像猪那样快乐。

快乐是一种个人的情绪体验和认知，当你感到快乐时，你就是快乐的。快乐是自己的事，别人的快乐是不属于自己的。所以，我们每个人都应该寻找属于自己的快乐。

有一个国王得了重病，他躺在丝绸床垫上奄奄一息。这个王国中所有的名医都被召来为他会诊。然而国王的病却不见起色，最后医生一致认为，只有找一位快乐者穿过的衬衫，把它放在病人的头下，方能治愈疾病。于是，许多钦差被派到各地去寻找快乐的人。钦差们找遍了全国，除了忧愁之外，他们没有找到一个快乐的人。最后，正当钦差们要放弃时，他们遇到了一个牧羊人，他一边放牧一边又唱又笑。钦差问他："你为什么又唱又笑的？"牧羊人笑着说："我认为我比别人更快乐。"于是，钦差要求牧羊人把衬衫给他们。但牧羊人却说自己连一件衬衫都没有。这可太糟糕了，全国唯一的快乐者却没有衬衫。国王听到这个消息，不由陷入沉思。他冥思苦想了三天三夜，不让任何人接近他。在第四天，国王将他的丝绸床垫，以及他所有的珍宝都散发给了人民。从那时起，他重新恢复了健康。

这个故事说出了快乐的真谛——快乐的源泉，在自己的内心！快乐并非取决于你是什么人，或你拥有什么，它完全来自于你的思想，你心中注满希望、自信、真爱与成功的想法，就是快乐的了。假如你下决心使自己快乐，你就能够使自己快乐！快乐无须理由，它本身就是理由！

快乐是一种生活态度，一种生活习惯。快乐的生活需要快乐的心情，而快乐的心情是需要自己营造的，快乐的心情从哪里来呢？快乐的心情从我们的生活中来。生活需要快乐的心情，快乐心情又来自生活，两者就是这样的互相离不开。心理学博士凯伦·撒尔玛索恩女士曾说过："我们的生活有太多不确定的因素，你随时可能会被突如其来的变化扰乱心情。与其随波逐流，不如有意识地培养一些让你快乐的习惯，随时帮助自己调整心情。"所以，生活中别忘了时时享受快乐，拥有了快乐就拥有了幸福。

别自寻烦恼

在生活中，我们常常会遇见各种烦恼，而这些烦恼就如同心中的枷锁一般，多数都是自己给自己锁上的。事实上，只要我们心中明朗，那把锁就永远不会锁上，我们又何必自寻烦恼，给自己的内心上锁呢？你不给自己烦恼，别人也不会给你烦恼。

有这样一个有趣的小故事：

一个小孩问一位胡子很长的老人："老爷爷，你睡觉的时候是把你这花白的长胡子放在被子外还是放在被子里？"这个问题把老人问住了，因为他从来不曾留意自己的胡子到底是怎么放的。

晚上睡觉的时候，老人突然想起小孩子问他的话。他先把胡子放在被子外面，感觉很不舒服；又把胡子放在被子里面，仍觉得很难受。

就这样，老人一会儿把胡子拿出来，一会儿又把胡子放进去，整整一个晚上，他始终想不出来，过去睡觉的时候，胡子是怎么放的。

第二天，老人见到那个小孩，生气地说："都怪你这小孩，让我一晚上没睡成觉！"

其实，不管胡子放在哪里，还不是一样要睡觉！一切顺其自然，就不会有太多的烦恼。人们常说：庸人自扰。的确，很多时候，人的烦恼都是自找的，所以事情才越来越糟。如果在开始就能清楚了解这一点，事情就简单多了。

生活中，很多人都是自寻烦恼，自己给自己套上枷锁，从而搞得自己疲惫不堪。其实，我们应该学会解除这些束缚，给自己减压，从而让自己活得轻松、活得快乐。

满足使你获得幸福

人的一生，是追求幸福的一生，没有人会拒绝幸福，也没有人会放弃幸福，每个人都喜欢幸福，不同的人有不同的幸福，不同的人追求不同的幸福，那么什么是幸福？

千百年来，无论是智者哲人或是平民百姓都试图给这一问题找到一个完美的答案，然而你问1000个人，可能会得到1000种对幸福的解读。虽然人们对于幸福的理解不同，但人们追求幸福的目的是一样的，幸福，是人类永恒的追求。

生活中，有人将锦衣玉食、宝马香车、高官厚禄视为幸福；有人把粗茶淡饭、家庭和睦、平平安安视为幸福；有人把放下当成幸福；有人把占有当成幸福；有人把履行职责视为幸福；有人把无官一身轻视为幸福；有人说被别人伺候着就是幸福；有人说幸福是为别人奔忙……人们对幸福的感受之所以如此不同，说到底还是由于嗅觉和眼界受到了局限。其实幸福并不神秘，很多时候，它就在我们身边，我们只需要站高一些，睁开慧眼，就会发现它的存在。

美国作家霍桑曾说："幸福是一只蝴蝶，你要追逐它的时候，总是追不到；但是如果你静悄悄地坐下来，它也许会飞落在你身上。"其实，幸福就是内心的一种感受，一种略带甘甜味道的享受。

从前有一个国王，占有整个天下，可以为所欲为。但是，他却不知道自己是否幸福，并且为此而深深苦恼，于是，他命令其手下去给他找一个幸福的人来，好让他看一看怎样才是幸福。奉命寻找幸福的人想："全国上下，谁会最幸福呢？应该是宰相，他大权在握，位高权重。"于是，他们找到了宰相，并向他说明了来意，宰相闻讯，陷入沉思，然后他说道："其实我并不幸福，尽管位高权重，但是官场上尔虞我诈，钩心斗角，难以论理。我为此费尽心思，终日不得安宁，哪里还会有幸福。"为国王寻找幸福的人只好退了出来，重新再考虑谁会幸福，这时他想到了财务大臣，于是就前去拜访，向他说明了来意。那财务大臣回答："对不起，我并不幸福，尽管我有万贯家产，掌管着国库，可是生意场上变幻莫测，我为此终日忧虑，并且每日还担心有人前来偷窃，我又怎么能够幸福呢？"奉命寻找幸福的人，又走访了国防大臣，想他军权在握，可能会幸福；走访了内务大臣，想他人缘广阔，可能会幸福……就这样，他们又走访了许多他们认为可能会幸福的人，可是始终未能找到真正幸福的人。无奈之下，他们走出城外，想到远处再去寻访，途中遇到一位农民，一边在田里耕作，一边在唱着一首"幸福歌"："天下的国王不幸福，天下的宰相不知足……天下谁人最幸福，唯我农人最知足。"国王的手下一听喜出望外。

这虽然是一个小故事，但反映出了关于幸福的思考和答案：知足是人生最大的幸福。其实，每个人心中都有一把幸福的钥匙，但我们却常常身在福中不知福。因为贪心、不满足，得寸进尺，在已拥有的基础上要求得到更多，所以感觉不到幸福。希腊哲学家伊壁鸠鲁说过："如果你要使一个人快乐，别增添他的财富，而要减少他的欲望。"的确如此，一个人要得到幸福和快乐，并不需要追求什么，而是要放弃那个追求。放弃越多，欲望就越少；欲望越少，满足就越多，幸福也就越多。生活中，只有那些知足的人，才会活得幸福、活得快乐、活得单纯、活得踏实。

幸福是每个人都希望得到的，但在追求的过程中，有多少人漏失了唾手可得的幸福？又有多少人身在福中不知福？很多人穷尽一生的心力追求幸福，换来的却只是白发苍苍和一声声的唏嘘，这都是因为他们不明白幸福的真谛。其实，幸福来自知足。满足自己的现状，并能充分地享受自己的生活，这就是幸福。

一天，一个腰缠万贯的富人与一个穷困潦倒的穷人就幸福的真正含义展开了讨论。

穷人说："我认为我目前的状况就是幸福的。"富人抬头望了望穷人的茅舍、破旧的衣着、桌上摆的粗茶淡饭，轻蔑地说："这样的日子也叫幸福？我看你是穷糊涂了。真正的幸福生活要像我这样拥有百万豪宅、千名奴仆。"穷人说："你有你所谓的幸福，我也有我意义上的幸福，我对我现在的生活很满足，所以我觉得很幸福，即便我没有你那么多钱。"

富人看着穷人顽固的思想，心想："这家伙真是穷疯了！"

不久之后，富人的豪宅内突然发生了一场大火，把富人所有的家产都烧得一干二净！一夜之间狼藉一片，奴仆们都各奔东西。富人也沦为乞丐流浪在街头，汗流浃背地在街上行乞。

口渴难耐的富人想讨口水喝。不料他偏偏走到了以前遇见的那个穷人的家里，穷人见富人目前的情形，摇摇头没有说出什么，径直地走进屋，端来一大碗冰凉的水，递给他并对他说："你现在认为什么是幸福？"富人喝过水后说："现在我已经很满足了，幸福就是现在。"

其实，幸福就是这样的简单，它不在于外在的东西，幸福就在自己的心里，懂得知足，就找到了幸福的源泉。所以，人生贵在知足，知足者常乐。人的一生可追求的东西很多，但真正可以拥有的却少之又少。那么，我们就该清楚：知足多一点儿，幸福就多一点儿。

人需要有"马桶"精神

生活中，每个家都有马桶，只要轻轻地按一下，伴着"哗啦"一声，什么脏东西都冲走了，所有的烦恼也会随之而去。马桶的声音或许微弱，也可能会被所有人看轻，但在这个嘈杂混乱的世界，马桶用积极的态度对待人生，用"哗啦"一声力所能及地对待这个世界。其实，人有时也要有一种"马桶"精神，对自己工作、思想和精神上的污物和烦恼，不妨记着按一下按钮，就什么都没有了。正如刘德华在《马桶》一歌中唱道："每一个马桶都是英雄，只要一个按钮，他会冲去你所有烦忧，你有多少苦痛，你有多少失落，他会帮你全部都带走。"

有一个中年人，家庭和事业取得了双丰收，但心里却总感到很空虚，而且这种感觉越来越严重，到后来不得不去看医生。医生听完了他的陈述，说："我开几个处方给你试试！"于是开了四帖药放在药袋里，对他说："你明天早上醒来后，不要做其他的事情，只要按照顺序依次服用一帖药，你的病就可以治愈了。"

那位中年人半信半疑，但第二天早上醒来后还是依照医生的嘱咐打开了第一帖药服用，里面没有药，只写了两个字："谛听"。他真的坐起来谛听，他听到窗外小鸟的叫声、风的声音，甚至听到自己心跳的节拍与大自然的节奏合在一起。他已经很多年没有如此安静地坐下来谛听了，因此感觉到身心都得到了清洗。接着，他打开第2个处方，上面写着"回忆"两字。他开始从谛听外界的声音转回来，回想起自己童年到少年的无忧快乐，想到青年时期创业的艰辛，想到父母的慈爱和兄弟朋友的友谊，生命的力量与热情重新从他的内心燃烧起来。然后，他又打开第3帖药，上面写着"检讨你的动机"。他仔细地想起早年创业的时候，是为了服务人群热诚地工作；等到事业有成了，则只顾赚钱，失去了经营事业的喜悦，为了自身利益，则失去了对别人的关怀。想到这里，他已深有所悟。最后，他打开了第4个处方，上面写着"把烦恼写在纸上，丢进马桶冲掉"。于是，他拿出纸笔，将烦恼写在一张纸上，然后丢进了马桶，按了一下冲水按钮，他的烦恼和那张纸一起被冲掉了。

人的一生中，会遇到各种烦恼、挫折、坎坷，有的甚至还会发生某些不幸。一味地沉浸在苦闷、失落、悲伤的情绪中不能自拔，只会对身心健康产生巨大的损害。所以，学会像马桶一样冲掉烦恼忧愁，这样，人才能过得快乐洒脱一点。

马桶精神是一种超脱的态度，一种豁达的态度，它教人们学会遗忘。人的一生是短暂的，脆弱的生命不能承载太多的负荷，要学会遗忘，忘记那些不该记住的东西，忘记不属于自己的东西。只有学会遗忘，我们才会忘却烦恼，让我们的心灵更加纯洁安详，让我们生活得更从容。

据说，在美国洛杉矶，有一个名叫普赖斯的女子。她已年过40，本该到了享受生活的时候，但她却因为有超常的记忆，而使自己的生活变得痛苦不堪。

14岁那年，普赖斯突然发现在自己身上发生了异常现象，任何一个外界刺激，或是看到一个什么样的场景，就会使她的记忆突然打开，回想起多年前一个极其细小的事情，而那事情就像是刚刚发生的一样清晰……然而，每每这个时候，她回忆起来的却总是些令她伤心痛苦的事情。这让她的心情变得非常糟糕，整天萎靡不振，痛不欲生。为此，她曾四处求医，但没有一位专家能够医治她的病症。

加利福尼亚大学的专家还专门为普赖斯成立了一个专家小组，但研究来研究去，也没能找出让普赖斯的大脑学会忘记的办法。如今，普赖斯的"特殊"遭遇，已经成了美国心理学家的心理干预案例。从普赖斯身上，他们得出了这样的结论：幸福就是忘记。一个人假如不能学会忘记，那他的生活肯定会痛苦不堪，甚至陷入绝望。

人生的路是崎岖而又漫长的，有太多太多的烦恼和忧伤。如果你想永远开心，那么，请你经常换一下心情，像马桶一样冲掉烦恼，遗忘烦恼，以真实的快乐去对待每一天。毕竟，不是所有的经过都需要被记忆，不是所有的记忆都需要珍藏。沉溺于旧日的失意是脆弱的，迷失在痛苦记忆里是可悲的，不能遗忘过去，往往会漠视今天，失去明天，所以我们要学会遗忘。

学会遗忘是对生活的一种豁达，是人生的一种境界。如果一个人的脑子里整天胡思乱想，把没有价值的东西也储存在头脑中，那他总会感到人生有很多的不如意。所以，我们很有必要对头脑中储存的东西，给予及时清理，把该保留的保留下来，把不该保留的予以抛弃。那些给人带来诸方面不利的因素，实在没有必要过了若干年还回味或耿耿于怀。只珍藏你的欢乐、你的微笑，珍藏你生命中真实的感动，抛却你的痛苦忧伤，甩掉你心灵上背负的沉重行囊，轻装前行，心静似水，心明如镜，脑海里才能显现出理性的光辉，你才能过得快乐一些。

别浪费掉你现在的生活

人生是美好的。但是人生中最美好的东西，不在过去，也不在未来，人生中最美好的东西，就在"现在"，就在稍纵即逝的每一刻。古希腊学者库里希坡斯曾说过，过去与未来并不是"存在"的东西，而是"存在过"和"可能存在"的东西。唯一存在的是当下。任何懂得珍惜自己的人，必须首先珍惜"现在"，珍惜生命中的每一刻。

昨天已成了过去，明天还未来到，在自己手中牢牢掌握的只有现在。把握现在，活在当下，全心全力做好身边的每一件事，才是真正的人生。活在当下并非不去回忆往昔，预想未来，而是专注于现在。只有臣服于当下，抓住此时此刻，才能拥有真正的自我，找到平和与宁静的秘诀。

活在当下，是活在没有过去与未来的牵绊之中，是全身投入人生的一种生活方式。然而，在生活中，我们会发觉许多人都活在过去或未来中。一部分人天天在追忆往昔的生活，或为生命中某个阶段失去的幸福而悲叹，或为过去崎岖的际遇而愤愤不平……另一部分人生活在想象的未来中，他们担心自己年老后的生活问题，甚至担心还未成年的儿女到老年时代的生活问题等等。而无论是活在过去或担心未来的人，他们共有一个通病——失去了当下，不能愉快地、自在地享受当下。

听过这样一个故事：

在一座荒废了很久的城池里，有一座"双面神"石雕像。一天，一位哲学家路过这里，他没有见过"双面神"，所以就奇怪地问："你为什么会有两副面孔呢？"

双面神回答说："有了两副面孔，我才能一面追忆过去，吸取曾经的教训；另一面又可以瞻望未来，憧憬美好的明天啊。"

哲学家说："过去的已经逝去，你无法留住，而未来又还没有发生，你也无法得到。只有现在，才是你能把握住的。但为什么你却不把现在放在眼里，即使你能对过去了如指掌，对未来洞察先知，又有什么具体的现实意义呢？"

听了哲学家的话，双面神不由得痛哭起来，他说："听了你的话，我才明白，为什么我会落得今天如此的下场。"

哲学家问："为什么？"

双面神说："很久以前，我驻守这座城时，自诩能够一面查看过去，一面又能瞻望未来，却唯独没有好好地把握住现在，结果，这座城池被敌人攻陷了，美丽的辉煌却都成了过眼云烟，我也被人们唾弃而弃于废墟中了。"

人生短暂，转瞬即逝，太多的东西不在我们掌握之中，过去已成过去，未来也不一定在我们想象之中，只有当下——现在的这一秒钟才实实在在地掌握在我们手中。

活在当下，珍惜现在，意味着无忧无悔。对未来会发生什么不去作无谓的想象与担心，所以无忧；对过去已发生的事也不作无谓的思维与计较得失，所以无悔。人能无忧无悔地活在当下，可谓是一种人生的境界。因此，我们必须珍惜生命中的分分秒秒，珍惜每一个"现在"。从"现在"起，尽自己的所能，在生命余下的过程中留下自己能够留下的东西，只要能够这样想和这样做，即使到了垂暮之年觉悟，都不能算晚，生命总会迸出火花。

若能一切随他去，便是世间自在人

佛说：随缘自在。随遇而安，随缘生活，随心自在，随喜而作，是为生活的密行。若能一切随他去，便是世间自在人。我们生在人世间，必须得学会接受现实，虽然有时候现实很残酷。我们要学会随缘一世，这样才能活得自在。

生命中的许多东西是不可以强求的，某些刻意强求的东西或许我们终生都得不到，而我们不曾期待的灿烂往往会在我们的淡泊从容中不期而至。正所谓"天要下雨，娘要嫁人"，——随他去吧，这就是一种最好的顺其自然。对于明明知道再努力也无法改变的事，与其强行阻拦，不仅于人无益，有时还会给自己带来无尽的烦恼和痛苦。所以，我们若能够学会"顺其自然"地适应外境，也未尝不是一种最佳选择。

老子说："人法地，地法天，天法道，道法自然。"人的一切活动都在自然规定的范围之内，但是自然的法则、自然的规定是不可违背的。顺应了自然才可能有幸福，违逆了自然注定不会幸福。

面对人生诸多喜怒哀乐、是非恩怨和坎坷困苦，我们只有以顺其自然的心态来对待才能够顺逆自如，宠辱不惊，从而能够以坦然的心态面对人生的各种顺逆之境，以正确的方法解决人生中遇到的各种问题。

人的一生，喜怒哀乐、苦辣酸甜、成败得失、功名利禄，生不带来死不带去，没有必要太求真。我们应该坦然面对，不背包袱，不急不躁，不受任何心理压力的干扰。无论遇到什么挫折和不顺心的事，都要泰然自若，得意之时淡然，失意之时坦然。如此才能真正做到心态平衡，经受住人生的种种考验。

不要让昨天的烦恼成为今天的羁绊

生活中，我们经常可以看到，一些人因为自己做错了某件事，便终日陷在无尽的自责、哀怨和悔恨之中，这无疑是一种严重的精神消耗，只会令其痛苦不堪。过去的已经过去，为过去哀伤、遗憾，除了劳心费神，于事无补。如果你想成为一个快乐成功的人，最重要的一点就是记得随手关上身后的门，学会将过去的错误和失败通通忘记，不要沉湎于懊恼、悔恨之中，要一直往前看，时光一去不复返，明天又是新的一天，不要使过去的错误和失败成为明天的包袱。

保罗博士是纽约市一所中学的老师，他曾给他的学生上过一堂难忘的课。这个班级的多数学生常常为过去的成绩感到不安。他们总是在交完考试卷后充满忧虑，担心自己不能及格，以致影响了下一阶段的学习。

有一天，保罗博士在实验室讲课，他先把一瓶牛奶放在桌子上，沉默不语。学生们不明白这瓶牛奶和所学课程有什么关系，只是静静地坐着，望着保罗博士。保罗博士忽然站了起来，一巴掌把那瓶牛奶打翻在水槽之中，同时大声喊了一句："不要为打翻的牛奶哭泣！"然后，他叫所有的学生围拢到水槽前仔细看那破碎的瓶子和淌着的牛奶。博士一字一句地说："你们仔细看一看，我希望你们永远记住这个道理。牛奶已经淌光了，不论你怎样后悔和抱怨，都没有办法取回一滴。你们要是事先想一想，加以预防，那瓶奶还可以保住，可是现在晚了，我们现在所能做到的，就是把它忘记，然后注意下一件事。"

保罗博士的表演，使学生学到了课本上从未有过的知识。许多年后，这些学生仍对这一课留有极为深刻的印象。

"不要为打翻的牛奶而哭泣！"多么发人深省的话语。看似简单的一句话，却意义深刻，它其实是在告诉我们一种对待错误，失误的心态——不要为自己的过失而苦恼。对过去的错误，有机会补救，就尽力补救，没有机会补救，就坚决将其丢到一边，不要陷在过去的泥沼里，越陷越深，无力自拔，否则你将错失更多的东西。正如泰戈尔所言，如果你因为错过太阳而流泪，那么你也将错过月亮和星辰。

美国通用电气公司的一位工程师正在独立负责一项新塑料的研究。一天，意外事故突然发生了：实验的设备爆炸，昂贵的实验设备和厂房全部都炸毁了。所幸的是，那位工程师当时没在现场，幸免于难。然而当他面对一片狼藉的现场时，精神几乎崩溃。他伤心透了，他想这项研究是由自己来负责的，出了这么大的事故，责任只能由自己来承担，不单是要承担巨额的债务费用，自己留在通用公司的梦想也因此结束了。更为严重的是，以后还会有谁再相信自己呢？他在极度沮丧的心情下与通用总部派来调查这次事故的高级官员进行了谈话。

这位官员问："你们在这次事故中得到了什么？"

工程师沮丧地回答："由此看来，我当初的实验方案行不通。"

"这就好，你们得到了需要的东西，实验室炸毁了没什么可怕的，如果你们什么结果也没得到那才是最可怕的。"调查官员平静地说。

令工程师万万没有想到的是，一场重大的事故就这样解决了。这给他的内心造成了很大的震动，他告诉自己要忘记过去的失败，重新再来。此后，他不再去想爆炸的实验室，不再沮丧，他继续进行研究。

功夫不负有心人。这位工程师最终取得了巨大的成就。他就是后来带领通用电气公司实现飞速发展、被誉为世界第一CEO的杰克·韦尔奇。

生活中，总会有一些意想不到的事情发生。当你面对一些不幸的打击时，要学会潇洒地挥一挥手，告别昨天。不要把宝贵的时间和精力浪费在悔恨、自责和羞愧上。这些负面情绪只会阻止你改变目前的生活状态，因为它们只会让你的意识停留在过去。意识停留在过去的人，不可能积极地面对现在。莎士比亚说过："聪明的人永远不会坐在那里为他们的损失而悲伤，他们会很高兴地想办法来弥补他们的创伤。"所以，我们没有必要整日缅怀过去的错误，既然过错已经发生，我们所需要的是从过错中总结经验得失，避免下一次再犯。

有一个老人特别喜欢收集各种古董，一旦碰到心爱的古董，无论花费多少钱都要想方设法买下来。有一天，他在古董市场上发现了一件向往已久的古代瓷瓶，于是，就花了很高的价钱把它买了下来。他把这个宝贝绑在自行车后座上，兴高采烈地骑车回家。谁知，由于瓷瓶绑得不牢靠，在途中"咣当"一声从自行车后座上滑落下来摔得粉碎。这位老人听到清脆的响声后连头也没回继续向前骑车。这时，路边有位热心人对他大声喊道："老人家，你的瓷瓶摔碎了。"老人仍是头也不回地说："摔碎了吗？听声音一定是摔得粉碎，无可挽回了！"不一会儿，老人家的背影消失在了茫茫人海中。

生活中，有太多的变数，就像古董瓷瓶不小心被摔碎，牛奶杯突然之间打翻了一样，事情一旦发生，就绝非一个人的心境所能改变的。如果心里整天想着它，怎么也挥不去那个阴影，怎么也摆脱不了那种懊悔，为此反反复复孤枕难眠，这样就放大了痛苦，带给自己的将是更大、更多的失误。

中国有句老话叫作覆水难收。对于已然发生的事，无论我们怎么懊悔，已经无可挽回。我们虽然不能改变过去发生的事情，但完全可以改变对过去事情的态度。过去的已经过去，我们所能采取的唯一措施，就是亡羊补牢，尽量挽回做错事情带来的损失和影响，保证不再犯此类错误。既不要为昨天的牛奶苦恼，也不要为明天的牛奶发愁，而是好好珍惜今天手中的牛奶。这就是聪明者的生活方式。

不要为自己的过失而苦恼，会让你的生活轻松很多。过去的事就让它过去吧，不要为打翻的牛奶哭泣，因为你已经无法去改变它了。但你要记住，以积极的态度来应对不幸之事会收到好的效果，只要你吸取教训，你便会从中获益。

如果你简单，这个世界就对你简单

在杂志上看过这样一个故事：

一家国际知名日化企业和中国南方一家小日化工厂分别引进了一套同样的肥皂包装生产线，但是投入使用后却发现这套设备自动把香皂放入香皂盒的环节存在设计缺陷，每100只皂盒中就有1~2个是空的。这样的产品投入市场肯定不行，而人工分拣的难度与成本又很高，于是，这家跨国大公司就组织技术研发队伍，耗时1个月，设计出了一套重力感应装置——当流水线上有空肥皂盒经过这套感应装置时，计算机检测到皂盒重量过轻以后，设备上的自动机械手就会把空皂盒取走。这家公司对于为这台设备打的"补丁"深感得意。而我国南方这家小日化工厂根本没有研发资金与实力去开发这样的补丁设备，老板只甩给采购设备的员工一句话："这个问题你解决不了就给我走人！"结果这位员工到旧货市场花30元买了个二手电风扇放在流水线旁，当有空皂盒经过开启的风扇时就会因为自身很轻而被吹落。问题同样解决了。

同样的问题，一个花了大量的时间和精力设计一套重力感应装置，而另一个却用一个简简单单的风扇就把问题解决了。其实，生活中的很多事情本来很简单，只是人为地把问题复杂化了，所以，我们要学会简单，用"简单"的态度来处理事务，不仅能得到事半功倍的效果，同时也能将生活带入一种节奏明快的韵律之中。

老子说："大道至简。"最深奥的道理是简明的。生活亦如此。著名作家刘心武曾说过："在五光十色的现代世界中，应该记住这样古老的真理：活得简单才能活得自由。"简单是一种积极、乐观、向上的生活态度。生活不正是这样吗？最简单的装扮往往是最美的，最简单的语言往往是最真诚的，最简单的行为往往是最能打动人心的。

有这样一个小故事：

有一个美国商人坐在墨西哥海边一个小渔村的码头上，看着一个墨西哥渔夫划着一只小船靠岸。小船上有好几条大黄鱼，这个美国商人对墨西哥渔夫能抓到这么高档的鱼而感到惊讶，问要多少时间才能抓这么多。渔夫说，才一会儿工夫就抓到了。美国人惊奇地问："你为什么不持久一点，好多抓一些鱼？"那渔夫却笑着回答说："这些鱼已经足够我一家人生活所需了！"

于是，美国人又问："那你剩余的时间都在干什么？"墨西哥渔夫告诉他："我每天睡到自然醒，出海抓几条鱼，回来后跟孩子们玩一玩，再懒懒地睡个午觉，黄昏时晃到村子里喝点小酒，跟哥们儿玩玩吉他，我的日子过得可是快乐又忙碌呢！"

美国人以他的心思，帮渔夫出主意说："我是美国麻省大学企管硕士，我认为，你应该每天多花一些时间抓鱼，到时候你就有钱去买条大一点的船。等有了大船后，你自然就能够抓更多的鱼，再买更多的渔船。然后你就可以拥有一个渔船队。到时候你就能够控制整个生产、加工处理和行销。最后你可以不用待在这个小渔村，搬到城里，然后到纽约，在那里经营你不断扩充的企业。"墨西哥渔夫问："这要花多长时间呢？"美国人回答："15～20年。"

"然后呢？"

美国人得意地说："然后你就可以在家快活啦！等时机一到，你就可以宣布股票上市，把你公司的股份卖给投资大众。到时候你就有数不完的钱！"

"然后呢？"

美国人说："到那个时候你就可以享受生活啦！你可以搬到海边的小渔村去住。每天睡到自然醒，出海随便抓几条鱼，跟孩子们玩一玩，再跟老婆睡个午觉，黄昏时，晃到村子里喝点小酒，跟哥们玩玩吉他了！"墨西哥渔夫疑惑地说："那与我现在有什么两样吗？"

既然墨西哥人已经在快乐地享受人生了，他还需要追求什么样的人生吗？人生的快乐在于拥有这种享受的心情，享受着简单的快乐。

其实，生命应该以一种简单的方式来经历。人活得越复杂，越不能挥洒自如。如果一个人不以物喜，不以己悲，精神富足，为自己的工作和生活感到快乐无比，那么连上帝也会嫉妒的。

世界上没有复杂的事情，只有复杂的心灵和无止境的欲望。西方哲学家梭罗说："大多数所谓豪华和舒适的生活不仅不是必不可少的，反而是人类进步的障碍，对此，我们必须认清哪些是我们必须拥有的；哪些可有可无的；哪些必须丢弃。"我们提倡简单的生活，绝不是减少生活的内容，降低生活的质量，取消人们应有的欲望，而是要活得光明磊落，轻松自如。它要求你生活得简单些，不可人为地制造复杂；它要求你生活方向明确，内容明了，不可漫无目的，毫无章法地乱忙一气，毫无成效或成效甚微；它要求你清醒地认识到人生最本质的、最重要的东西，并将其紧紧地握在手中。只有这样，才能使生活变得简单、明了而又抓住要领，才算掌握了生活的真谛和艺术，才会切断浮躁虚伪和贪图私利的神经，把脚步坚实地踏在生活的正轨上，谱写出一曲不平凡的人生乐章。

生活简单就迷人，人心简单就幸福。简单，其实应该是为人之本。冰心老人说过："如果你简单，那么这个世界也就简单。"简单使生活回归自然，使浮华回归淳朴，使嘈杂回归宁静，使身体清爽和健康。在简单的状态下，欲望易于满足，易于得到自由，所以说简单是幸福的源泉，应该成为我们每一个人生活的准则。

"天地有大美，于简单处得；人生有大疲惫，在复杂处藏。"漫漫人生路，只有生活简单的人，才能真正成为生活的主人。简单会使精神有一种高尚感，心灵有一种净化感，灵魂有一种安详感，身心有一种健康感。享受简单生活，造就不凡的人生！

心怀感恩，品味生活的馈赠

感恩是一种当今社会普遍缺失的生活态度和品德素养。在每个人的成长和生活中，一定有许许多多的人曾经帮助和扶持过我们，不论是一句话，还是一个小小的善举，都曾经给予了我们温暖，带领我们走出阴霾，摆脱困境。可是很多时候我们都善于习惯，因此而学不会感激。

在这个物质丰富的时代，我们常常对周围的一切不以为然，往往把金钱和利益看得太重，忽视了人与人之间的感情。觉得父母照顾我们，朋友关心帮助我们都是理所当然的，忙忙碌碌的生活，让我们忘记了感恩，也无暇去感恩，这不能不说是一种悲哀。

美国曾经流传着这样一个故事，有一家人围坐在餐桌前吃饭，母亲端上来的却是一盆稻草。全家人都很奇怪，不知道这究竟是怎么一回事。母亲说："我给你们做了一辈子的饭，你们从来没有说过哪怕一句感谢的话，称赞一下饭菜好吃，这和吃稻草有什么区别！"连世上最不求回报的母亲都渴望听到哪怕一点感谢的回声，那么我们对待别人给予的帮助和恩惠，不需要答恩言谢吗？

现实生活中，很多人常常对别人给予自己的帮助和情谊、恩惠和德泽，以为是理所当然，便容易忽略或忘记，有意无意中伤害了那些对我们有恩的人，所以我们要学会感恩。

感恩是人性真善美的具体体现，是一种最诚挚的生活态度；感恩是每个人应有的道德准则，是做人的最起码的修养。如果在我们的心中培植一种感恩的思想，则可以沉淀许多的浮躁、不安，消融许多的不满与不幸。只有心怀感恩，我们才会生活得更加美好。

在一个闹饥荒的城市，一个心地善良的面包师把城里最穷的几十个孩子聚集到一块儿，然后拿出一个盛有面包的篮子，对他们说："这个篮子里的面包你们一人一个。在上帝带来好光景以前，你们每天都可以来拿一个面包。"

瞬间，这些饥饿的孩子一窝蜂似的涌了上来，他们围着篮子推来挤去大声叫嚷着，谁都想拿到最大的面包。当他们每人都拿到了面包后，竟然没有一个人向这位好心的面包师说声谢谢就走了。

但是有一个叫依娃的小女孩却例外，她既没有同大家一起吵闹，也没有与其他人争抢。她只是谦让地站在几步以外，等别的孩子都拿到以后，才把剩在篮子里最小的一个面包拿起来。她并没有急于离去，她向面包师表示了感谢，并亲吻了面包师的手之后才向家走去。

第二天，面包师又把盛面包的篮子放到了孩子们的面前，其他孩子依旧如昨日一样疯抢着，羞怯、可怜的依娃只得到一个比头一天还小一半的面包。当她回家以后，妈妈切开面包，许多崭新、发亮的银币掉了出来。

妈妈惊奇地叫道："立即把钱送回去，一定是面包师揉面的时候不小心揉进去的。赶快去，孩子，赶快去！"当依娃拿着钱回到面包师那里，并把妈妈的话告诉面包师的时候，面包师慈爱地说："不，我的孩子，这没有错。是我把银币放进小面包里的，我要奖励你。愿你永远保持现在这样一颗感恩的心。回家去吧，告诉你妈妈这些钱是你的了。"她激动地跑回了家，告诉了妈妈这个令人兴奋的消息，这是她的感恩之心得到的回报。

感恩是一种对恩惠心存感激的表示，是每一位不忘他人恩情的人萦绕心间的情感。学会感恩，是为了擦亮蒙尘的心灵而不致麻木，学会感恩，是为了将无以为报的点滴付出永铭于心。常怀感恩之心，我们便能够时时刻刻地感受到生活的幸福和快乐。

在感恩节期间，有一位先生垂头丧气毫无生气地来到教堂，坐在牧师面前，他对牧师诉苦："都说感恩节要对上帝献上自己的感谢之心，如今我一无所有，失业已经大半年了，工作找了10多次，也没人用我，我没什么可感谢的了！"牧师问他："你真的一无所有吗？上帝是仁慈的，神依然爱你，你没觉得？好，这样吧，我给你一张纸，一支笔，你把我问你的问题的答案记录下来，好吗？"

牧师问他："你有太太吗？"

他回答："我有太太，她不因我的困苦而离开我，她还爱着我。相比之下，我的惭疚也更深了。"

牧师问他："你有孩子吗？"

他回答："我有孩子，有5个可爱的孩子，虽然我不能让他们吃最好的，受最好的教育，但孩子们很争气。"

牧师问他："你胃口好吗？"

他回答："呵，我的胃口好极了，由于没什么钱，我不能最大限度地满足我的胃口，常常只吃七成饱。"

牧师问他："你睡眠好吗？"

他回答："睡眠？呵呵，我的睡眠棒极了，一碰到枕头就睡熟了。"

牧师问他："你有朋友吗？"

他回答："我有朋友，因为我失业了，他们不时地给予我帮助！而我无法回报他们。"

牧师问他："你的视力如何？"

他回答："我的视力好极了，我能够清楚地看见很远地方的物体。"

于是他的纸上就记录下这么6条：1.我有好太太；2.我有5个好孩子；3.我有好胃口；4.我有好睡眠；5.我有好朋友；6.我有好视力。

牧师听他读了一遍以上的6条，说："祝贺你！感谢我们的上帝，他是何等地保佑你，赐福给你！你回去吧，记住要感恩！"

他回到家，默想刚才的对话，照照那久违的镜子："呀，我是多么的凌乱，又是多么的消沉！头发硬得像板刷，衣服也有些脏……"

后来，他带着感谢上帝的心，精神也振奋不少，他找到了一份很好的工作。

感恩是一种发自内心的生活态度。其实对生活感恩，就是善待自我，学会生活。仔细观察一下，你就会发现生活中总有值得感恩的一切，不要责怪现实给予我们太少，询问一下你的心，是不是自己向现实要得太多，要得太理所当然了，忘记了得到的快乐，忘记了感恩。人之所以不开心，也就在于此。

感恩，是一种歌唱生活的方式，它源自人对生活的真正热爱。感恩之心足以稀释你心中的狭隘和蛮横，更能赐予人真正的幸福与快乐。心存感恩，你就会感到幸福。

价值百万的

9堂人生哲学课

第四课

走在泥泞的路上，你会留下自己的脚印

当走过一段泥泞的小路，会留下许多大小不一、或深或浅的脚印，每一个小小的印迹里都曾承载过一个人的重量，而一阵风、一阵雨、一场漫漫飞雪，便足以掩盖那所有地表上微不足道的痕迹。人生的道路上也会留下无数个脚印，每一步的意义各有不同。或喜或忧，或笑靥或泪眼，或兴奋或颓丧……你在走过的人生道路上留下了怎样的脚印？在以后的人生道路上，你又将留下怎样的脚印？

与其用泪水悔恨昨天，不如用汗水拼搏今天

人生一世，草木一秋。人，应该活得有意义、有价值，而不是让生命在蹉跎中度过，在无为中结束。生命的伟大在于拼搏，想让自己的生命变得辉煌精彩，那么你就应该学会努力，并敢于奋力追求，挥洒汗水去谱写人生伟大的乐曲。

拼搏精神是一个人成功的主要因素，没有了拼搏精神，这个人，就很难有一番成就。有句话说得好："三分天注定，七分靠打拼，爱拼才会赢。"古今中外，经过拼搏成就伟绩的人不胜枚举，我们从他们的身上，看到的是拼搏，是奋斗，是汗水。

吉米·哈里波斯是美国一位颇具传奇色彩的伟大赛车手。从很小的时候起，吉米就有一个梦想，希望自己能够成为一名出色的赛车手。中学毕业后，他到军队中服役，学会了驾驶汽车，并成了一名开卡车的运输兵，这对他熟练掌握驾驶技术起到了很大的帮助作用。

从部队退役之后，吉米选择到一家农场里开车。在工作之余，他仍一直坚持参加一支业余赛车队的技能训练。只要有机会遇到车赛，他都会想尽一切办法参加。因为得不到好的名次，所以他在赛车上的收入几乎为零，这也使得他欠下一笔数目不小的债务。

不过，经过几次比赛，吉米也获得了不少经验和教训。有一年，吉米参加了威斯康星州的赛车比赛，这次，他有很大的希望能在比赛中获得好的名次。比赛

开始后，吉米的赛车位列第三，他一直寻找机会超越前两名选手。当赛程进行到一半多的时候，突然，他前面那两辆赛车发生了相撞事故，吉米迅速地转动赛车的方向盘，试图避开他们。但终究因为车速太快未能成功。结果，他撞到车道旁的墙壁上，赛车在燃烧中停了下来。

当吉米被救出来时，他的脸已经被毁容了，手也被烧伤，体表烧伤面积达40%。他被送到医院后，医生整整给他做了7个小时的手术，这才使他从死神的手中挣脱出来。经历过这次事故，尽管他命保住了，可他的手萎缩得像鸡爪一样。医生告诉他说："以后，你再也不能开车了。" 然而，吉米并没有因此而灰心绝望。为了实现那个久远的梦想，他决心再一次为成功付出代价。他接受了一系列植皮手术，为了恢复手指的灵活性，每天他都不停地练习用残疾的手去抓木条，有时疼得浑身大汗淋漓，而他仍然坚持着。

吉米始终有着一种拼搏的精神，他坚信自己的能力。在做完最后一次手术之后，他回到了农场，换用开推土机的办法使自己的手掌重新磨出老茧，并继续练习赛车。

仅仅9个月之后，吉米又重返了赛场！他首先参加了一场公益性的赛车比赛，但没有获胜，因为他的车在中途意外地熄了火。不过，在随后的一次全程200英里（1英里＝1.609千米）的汽车比赛中，他取得了第二名的成绩。又过了两个月，仍是在上次发生事故的那个赛场上，吉米满怀信心地驾车驶入赛场。经过一番激烈的角逐，吉米最终赢得了250英里比赛的冠军。

拼搏是强者的凯歌，是成功的阶梯。面对坎坷的人生，只有不断拼搏，你才会成长为一个真正的强者。

拼搏是人自我表现的一种特质，也是自我价值实现的过程。高尔基曾说过："敢于拼搏的人才是命运真正的主人。"一个人如果不敢向命运挑战，不敢在生活中做出开创之举，命运给予他的不过是一个狭窄的牢笼，而他举目所见的也将只是蛛网和尘埃。因此，只有敢于挑战、敢于拼搏的人才会充实地走完人生之路，实现自己的人生价值。

成功，需要对手

在通往成功的道路上，我们需要拔刀相助的朋友，更需要势均力敌的对手。

对手既是我们的挑战者，又是我们的同行者，是对手唤起了我们挑战的冲动和欲望。因为与他们的竞争，我们成长得更快，所以，竞争对手又是我们最好的学习者。学习对手的长处，总结对手的成功经验，吸取对手的教训，避免重犯对手犯过的错误，才能更好地提升自己的竞争能力。

布朗的父母不幸辞世，给他和弟弟杰克留下了一个小小的杂货店。微薄的资金，简陋的设施，他们靠出售一些罐头和汽水之类的食品，勉强度日。

兄弟俩不甘心这种穷苦的状况，一直寻找发财的机会。

有一天，布朗问弟弟杰克："为什么同样的商店，有的赚钱，有的只能像我们这样惨淡经营呢？"

杰克回答说："我觉得我们的经营有问题，假如经营得好，小本生意也是可以赚钱的。"

"可是，怎样才能经营得好呢？"于是，他们决定经常去其他商店看一看。

有一天，他们来到一家"消费商店"，这家商店顾客盈门，生意红火，引起了兄弟俩的注意。他们走到商店外面，看到门外一张醒目的告示上写着："凡来本店购物的顾客，请保存发票，年底可以凭发票额的3%免费购物。"

他们把这份告示看了又看，终于明白这家商店生意兴隆的原因了。原来顾客是贪图免费商品。

他们回到自己的店里，立即贴了一个醒目的告示："本店从即日起，全部商品让利3%，本店保证所售商品为全市最低价，如顾客发现不是全市最低价，本店可以退回差价，并给予奖励。"

就是凭借这种向竞争对手学习的智慧，布朗兄弟俩的商店迅速扩大，成为世界上最大的连锁商店之一。

由此可见，学习对手，欣然以对手为师，虚心观摩学习对方的长处，这不仅是一种态度，更是一种思路，一种赢的策略。世界著名大公司都非常注意竞争对手的产品，注意分析对手的优缺点，发现对方的优点就及时学习，以补已之短。

美国斯图·伦纳德奶制品商店的经理斯图·伦纳德培训教育中层干部，使他们成为零售业务和竞争分析方面的专家，成为胜者的方法很独特，其做法就是访问竞争对手。

他经常挑选一个与自己商店的经营方式有相似之处的竞争对手作为访问对象。去访问时，不管是远是近，即使是几百公里以外的地方，他也会带上15个下属一同前往。

为此，他还专门设计了定员15人的面包车。当这些下属随着中层干部出发时，就意味着他们参加了一个"主意俱乐部"，将接受斯图·伦纳德对他们的挑战：谁能第一个从竞争对手的经营管理中受到启发，提出对本公司有用的新思想？能不能保证自己至少提出一条新思想？

斯图·伦纳德这样做的目的，就是让每个访问者都能至少找到一处竞争者比斯图·伦纳德商店干得好的地方。

斯图·伦纳德说："我们应当尽量找出一件竞争对手比我们干得好的事，很可能那只是一些小事，但是只有这样我们才能不断改进自己的工作。"

向竞争对手学习是最现实、最有效的成功捷径。我们每个人身上都有值得别人学习的优点，尤其是在竞争日益激烈的今天，向你的竞争对手学习，不断完善自己，不断壮大自己，越来越显示出其必要性和迫切性。

在这种情况下，向你的对手学习制胜之道，可以节省我们的精力和成本；从你的对手那里学习失败的经验，可以让我们少走弯路，少受挫折；借鉴对手的管理模式，可以让我们轻松做管理高手；效仿对手的经营理念，可以让我们转变商业思维，开阔思路；向对手学习，才能更好地击败对手，赢得更多的加薪机会。

沃尔玛公司是一家美国的世界性连锁企业，其创始人山姆·沃尔顿在经营当中，很注重向竞争对手学习。他总是喜欢跑到竞争对手的商店中去，看看他们有什么经营方式、商品定价、商品陈列方式比自己的强，然后就把它们录在录音机里或记在笔记本里，回来之后认真揣摩，设法让自己做得比别人更好。

"向竞争对手学习，然后走自己的路"是他常常挂在嘴边的一句话，一旦发现竞争对手有先进的做法，即便是一个很小的细节，立刻变为己用，并努力做到更好。其早期的竞争对手斯特林商店开始采用金属货架来代替木制货架，沃尔玛发现了金属货架的优点后，很快成为全美第一家百分之百使用金属货架的杂货店；沃尔玛的另一家竞争对手富兰克特特许经营店实施自助销售时，山姆·沃尔顿先生连夜去学习，回来后开设了自助销售店，当时是全美第3家。正是这样时刻注意向对方学习，才使得沃尔玛稳居世界500强企业前列。

由此可见，学习对手，欣然以对手为"师"，虚心观摩学习对方的长处，这不仅是一种态度，更是一种思路，一种赢的策略。

每个人都有长处和短处，不要把竞争对手当作你成功路上的绊脚石，而是应该把它看作你继续前进的动力。正因为对手的存在，才能激励你更加努力。如果遇到困难不是迎头赶上，提高自身的能力，而是垂头丧气，失去斗志，采取逃避的态度，那么你在任何地方都会碰壁。

竞争对手是我们最好的学习者，学习对手的长处，总结对手的成功经验，吸取对手的教训，避免重犯对手犯过的错误，才能更好地提升自己的竞争能力。

勇敢面对生命中的无常

有这样一个小故事：

从前，有人问一位智者："怎样才能成功呢？"智者笑笑，递给他一颗花生："用力捏捏它。"那人用力一捏，花生壳碎了，只留下花生仁。"那你搓搓它。"智者说。那人又照着做了，红色的皮被搓掉了，只留下白白的果实。"再用手捏它。"智者说。那人用力捏着，没能将它毁坏。"虽然屡遭挫折，却拥有一颗坚强的心，这样就能成功。"智者说。

这个故事告诉我们：坚强是人的一种重要的心理品质，是人们做事获得成功的必要前提。任何人的一生都不会一帆风顺，生命的长河避不开曲折弯道、浅滩险湾，总会有这样或那样不如意的事情发生，当困难或矛盾来临时，我们必须学会坚强。只有内心足够的强大，我们才会积极勇敢地面对挫折和困难。法国大作家巴尔扎克曾说过："挫折是能人的无价之宝，弱者的无底之渊。"的确，强者在挫折面前会愈挫愈勇，而弱者面对挫折会颓然不前。

　　雷·克洛克似乎是一个生不逢时的美国人，他从出生到工作总是遭受上天的作弄。雷·克洛克出生的那年，恰逢西部淘金热结束，一个本来可以发大财的时代与他擦肩而过。按理说，他读完中学就该上大学，可是1913年的美国经济大萧条使囊中羞涩的他和大学无缘。后来，他想在房地产上有所作为，好不容易才打开局面，不料第二次世界大战烽烟四起，房价急转直下，结果"竹篮打水一场空"。为了谋生，他到处求职，曾做过急救车司机、钢琴演奏员和搅拌器推销员。就这样，几十年来低谷、逆境和不幸伴随着雷·克洛克，命运一直在捉弄他。

　　这一系列的挫折和失败并没有将雷·克洛克击倒，相反，他越挫越勇，热情不减，执着追求。1955年，在外面闯荡了半辈子的他回到老家，卖掉家里少得可怜的一份产业做生意。这时，雷·克洛克发现迪克·麦当劳和迈克·麦当劳开办的汽车餐厅生意十分红火。经过一段时间的观察，他确认这种行业很有发展前途。当时雷·克洛克已经52岁了，对于多数人来说这正是准备退休的年龄，可这位门外汉却决心从头做起，到这家餐厅打工，学做汉堡包。麦氏兄弟的餐厅转让时，他毫不犹豫地借债270万美元将其买下。经过几十年的苦心经营，麦当劳现在已经成为全球最大的以汉堡包为主食的速食公司，在国内外拥有上万家连锁分店。据统计，全世界每天光顾麦当劳的人至少有1800万，年收入高达4.3亿美元。雷·克洛克被誉为"汉堡包大王"。

　　每个人的成功之路都是一条荆棘路，战胜挫折的最好办法就是学会坚强。只要你有一颗永不服输的心灵，有一种越挫越勇的意志，内心就会升腾起一股勇往直前的勇气，从而也就不再抱怨上苍的不公。

　　挫折可以把人吓倒，使人唉声叹气，退缩不前；也可使人精神振奋，经受磨炼，增长才干，增强意志。就看你如何对待它。只有在面对困难和挫折时毫无惧色的人，才能到达成功的顶峰。

在美国，曾有一位电台女主持人被听众贬得一文不值，并在自己的职业生涯中遭遇了18次辞退。

在最初求职的时候，她来到美国大陆无线电台面试。但是因为是女性，遭到公司的拒绝。接着，她来到了波多黎各工作，由于她不懂西班牙语，于是又花了3年的时间来学习。在波多黎各的日子，她最重要的一次采访，只是一家通讯社委托她到多米尼加共和国去采访暴乱，连差旅费也是自己出的。在以后的几年里，她不停面试找工作，不停地被人辞退，有些电台指责她能力太差，根本不懂什么叫主持。

尽管如此，她却从来没有放弃过。1981年，她来到纽约一家电台，但是很快被辞退，失业了一年多。有一次，她向两位全国广播公司的职员推销她的节目策划，都没有得到认可。于是她找到第三位职员，他雇用了她，但是要求她改做政治主题节目。她对政治一窍不通，但是她不想失去这份工作，于是她开始恶补政治知识。1982年夏天，她主持的以政治为内容的节目开播了，凭着她娴熟的主持技巧和平易近人的风格，让听众打进电话讨论国家的政治活动，包括总统大选，她几乎在一夜之间成名，她的节目成为全美最受欢迎的政治节目。

这个女人叫莎莉·拉斐尔。现在的身份是美国一家自办电视台节目主持人，曾经两度获"全美主持人"大奖。每天有800万观众收看她主持的节目。在美国的传媒界，她就是一座金矿，她无论到哪家电视台、电台，都会带来巨额的回报。

挫折对人是一种打击，同时又给人以一定的压力。它能磨炼人的意志和毅力，造就人才。"自古英雄多磨难，从来纨绔少伟男。"坚强是一个人取得成功必备的心理品质，它也是保证和维持人们奋斗的内在心理力量。俗话说，志不坚者智不达，一个没有坚强意志力的人，即使拥有过人的才华也难以取得成就。真正出类拔萃的人，大多数都是那些历尽艰辛，在挫折中磨炼出坚强的意志，在逆境中不懈地奋斗的人。

学会坚强是人一生中最不可缺的生存意志和毅力。人生道路不是平坦大道，没有一帆风顺，只有崇山峻岭，只有坎坷曲折。学会坚强，才能让我们有限的生命过得更有意义！

忍受痛苦，才能破茧成蝶

每个人都期盼拥有辉煌与精彩，然而并非每个人都明白：蝴蝶拥有令人惊羡的美丽是因为它们经历了破蛹而出的痛苦。

一天，有一个人坐下来仔细观察了一只蝴蝶奋力将身躯移出蚕茧那几个小时的过程，蚕茧上出现了一个缝孔……突然，它停了下来，看上去它好像走尽了它一生能走的路，再也挪不动了。那个人决定帮助蝴蝶，他拿了一把剪刀剪开了蚕茧，蝴蝶很容易就从蚕茧中移了出来，但它的身躯太虚弱了，翅膀也粘在一起。这个人继续观察，他期望某个时刻那对翅膀能够打开，舒展，支撑起蝴蝶的身体，好让它强壮起来。可什么也没有发生，事实上，那只蝴蝶蠕动着它枯萎、衰弱的身躯，带着那对聚拢在一起的翅膀度过了余生，再也没有飞起来。

原来，蝴蝶必须依靠自己的力量从小孔钻出来，才能将体内的一种液体压进翅膀，使翅膀得以承受身体之重，展翅飞行。这个好心人无疑是在帮倒忙！

蝴蝶破茧而出，挣脱千丝万缕的牵扯，与过去做彻底决裂，必有一番无声的痛苦嘶喊。这是其成长必须经历的过程。不经历磨难的羽翼是脆弱的，小小的波折都能让它支离破碎。蝴蝶在茧中的挣扎是生命中不可缺少的一部分，如果不经过必要的破茧过程，它就无法适应蛹外的环境。这就好像一个人如果不经历必要的磨难，他就很脆弱，没有能力抵抗以后的风风雨雨。

蝴蝶在茧中痛苦的挣扎，只为练就一双美丽的翅膀。而人们饱受挫折的煎熬与失败的痛苦，只为获得精彩的人生。

曾有这样一个孩子，因为疾病导致左脸局部麻痹、嘴角畸形，所以他的长相十分丑陋，说话也不流利，带有口吃，而且还有一只耳朵失聪，但他却从来没有放弃对生活的热爱和渴望。也许，这个孩子注定是一个生活的强者，他比一般的孩子更快地走向成熟，他默默地忍受着别的孩子的嘲笑、讥讽的话语和目光，他自卑，但更有奋发图强的意志，当别的孩子在玩具中打发时间时，他则沉浸在书本中，他读的书中有很大一部分是成人读物，他却读得津津有味，因为他从中学到了坚强，学到了一种永不放弃的品质。为了矫正自己的口吃，他模仿古代一位有名的演说家，嘴里含着小石子讲话。看着嘴唇和舌头都被石子磨烂的儿子，妈妈心疼地流着眼泪说："不要练了，妈妈一辈子陪着你。"懂事的他替妈妈擦着眼泪说："妈妈，书上说，每一只漂亮的蝴蝶，都是自己冲破束缚它的茧之后才变成的，如果别人把茧剪开一道口，由茧变成的蝴蝶是不美丽的，我要做一只美丽的蝴蝶。"

后来，他能流利地讲话了。因为他的勤奋和善良，中学毕业时，他不仅取得了优异的成绩，还获得了良好的人缘，他周围的人，没有谁会嘲笑他，有的只是对他的敬佩和尊重。

经过不断的努力，他变得博学多才、颇有建树。后来，他参加总理竞选，他的对手居心叵测地利用电视广告夸张他的脸部缺陷，然后写上这样的广告词："你要这样的人来当你的总理吗？"但是，这种极不道德的、带有人格侮辱的攻击招致了大部分选民的愤怒和谴责。当他的成长经历被人们知道后，他赢得了极大的同情和尊敬，他说的"我要带领国家和人民成为一只美丽的蝴蝶"的竞选口号，使他高票当选为总理，人们因此亲切地称他为"蝴蝶总理"。他，就是加拿大第一位连任两届、跨世纪的总理——让·克雷蒂安。

其实，人的成长也是一个由蛹化蝶的过程，非常痛苦，同时也是一个不断挑战自我、超越自我的历程。一个人只有默默地忍受着破茧而出的痛苦，才会积蓄展翅高飞的力量。人生是一场没有终点的长跑，要成为最终的赢家，只有经历痛苦的蜕变，才能迎来美丽。

成功在于有勇气敲门

人们常说：机遇是给有准备的人的，但任何准备都是有前提的。抱怨自己没有机会的人，多半是缺乏勇气的人。人们无法相信一个面对挑战毫无勇气可言的人，会能支撑到机遇的来临。勇气的内涵是一种信念、一种执着。尤其是在竞争激烈的环境中，只有那些充满勇气的参与者，才有可能获得机遇。

从前，在很远的一座山上，住着一位智慧老人，如果谁要是能够找到他，就能够得到勇气。有一个年轻人为了得到勇气，跋山涉水去寻找智慧老人。用了3年的时间，他找到了智慧老人居住的木屋。他前去敲门："我不远万里而来，想寻找勇气。"智慧老人说："现在太晚了，你明天再来吧！"第2天一早，年轻人又来到智慧老人门前敲门。智慧老人说："现在太早了，我还没到起床的时候，你明天再来吧！"第3天、第4天、第5天，年轻人去敲门，智慧老人均以不同的理由打发走了他。第6天，年轻人去敲门时，智慧老人说："我要休息了，你明天再来吧！"此时，年轻人怒从心起，大声说："每次我来你都这样推三推四，我何时才能找到勇气？"说完，他踢开了智慧老人的门，直冲进屋去。智慧老人笑呵呵地看着怒发冲冠的年轻人说："这不，你已经找到了勇气！"

勇气是面对任何事物都无所畏惧的心理状态。如果没有勇气，不敢去尝试，你永远都不会拥有任何机会。无论做什么事，首先要有勇气。有了勇气，才敢于做事，才能最终战胜困难和挫折，到达成功的彼岸。

一天，某公司总经理向全体员工宣布了一条纪律："谁也不要走进8楼那个没挂门牌的房间。"但是，他没有解释为什么。此后真的没人违反他的这条"禁令"。

3个月后，公司又招聘了一批员工。在全体员工大会上，总经理再次将上述"禁令"予以重申。这时，只听一个新来的年轻人在下面小声嘀咕了一句："为什么？"总经理听到后并没有因这位新人的不礼貌而恼怒，只是满脸严肃地答道："没有原因！"

回到岗位上，那个年轻人百思不得其解，还在思考着总经理为什么要这样做。其他工友则劝他只管干好自己的那份差事，别的不用瞎操心。因为听总经理的，总是没错。可那个年轻人偏偏来了犟脾气，非要把事情弄个水落石出不可。于是他决定冒险走进那个房间探个究竟。

这天，他爬上8楼，轻轻地叩了叩那扇门，没有反应。年轻人不甘心，进而轻轻一推，虚掩着的门开了，原来门并没有上锁。房间里没有任何摆设，只有一张桌子。年轻人来到桌旁，看到桌子上放着一个纸牌，上面用毛笔写着几个醒目的大字——"请把此牌送给总经理"。

年轻人拿起那个已落满灰尘的纸牌，走出房间似有所悟，乘电梯直奔15楼总经理办公室。当他自信地把纸牌交到总经理手中时，仿佛期待已久的总经理一脸笑意地宣布了一项让年轻人感到震惊的任命："从现在起，你被任命为销售部经理助理。"

在后来的日子里，那个年轻人果然不负厚望，不断开拓进取，把销售部的工作搞得红红火火，并很快被提升为销售部经理。事后许久，总经理才向众人做了如下解释："这位年轻人不为条条框框所束缚，敢于对上司的话问个'为什么'，并勇于冒着风险走进某些'禁区'，这正是一个富有开拓精神的成功者应具备的良好素质。"

其实，成功离你并不遥远，可能只是一扇门的距离，就看你是否有勇气打开这扇门。有些时候，不是我们缺少成功的能力，而是缺乏走向成功的勇气。

鲁迅说过，"真正的勇士敢于直面惨淡的人生，敢于正视淋漓的鲜血。"机会来临的时候，除了用慧眼去发现以外，更需要拿出勇气去做。许多人之所以让机遇白白溜走，就是因为在紧要关头他没有接受挑战的勇气。我们除了用终生来面对生活外，我们还需要勇气，需要能够勇敢争取机会的勇气。

失败是成功的起点

人人都希望自己能成功，惧怕失败，崇尚成功，不想失败，但谁也避免不了失败。没有失败就没有所谓的成功，关键是看我们对于失败的态度。

人不可能总是一帆风顺，如果跌倒了就趴下，一蹶不振，就永远不会到达胜利的巅峰，而跌倒了再爬起来总是会有成功的希望的。

在拿破仑帝国时期，法兰西与欧洲一些国家发生了连续数年的大规模战争，拿破仑大军横扫整个欧洲战场，迫使其余欧洲国家结成欧洲同盟，共同对付拿破仑。当时，指挥同盟军的是威灵顿将军。

威灵顿指挥的同盟大军在拿破仑面前一败再败，在一次大决战中，同盟军再次遭受惨重的失败。威灵顿杀出一条血路，率领小股军队冲破包围，逃到一个山庄。在那里，威灵顿疲惫不堪，想到今天的惨败，顿时悲从心来，想一死了之。

正在愁容满面、痛恨不已时，惠灵顿发现墙角有一只蜘蛛在结网。也许是因为丝线太柔嫩，刚刚拉到墙角一边的丝线，经风一吹便断了。蜘蛛又重新忙了起来，但新的网还是没有结成。威灵顿望着这只失败的蜘蛛，不禁又想起自己的失败，更加唏嘘不已，多了几分悲凉。但蜘蛛并没有放弃，它又开始了第3次结网。威灵顿静静地看着，心想："蜘蛛啊，别费心思了，你是不会成功的。"蜘蛛的这次努力依然以失败而告终，但它丝毫没有放弃的意思，又开始了新的忙碌。它就这样来回忙碌着。

蜘蛛已经失败了6次。"该放弃了吧？"威尔顿想。但是蜘蛛没有，它仍旧在原处，不慌不忙地吐出丝，然后爬向另一头。第7次，蜘蛛网终于结成了！小蜘蛛像国王一样守护着它的网。

威灵顿看到这一切，不禁流下了热泪，他为蜘蛛越挫越勇、永不放弃的精神深深地感动了。他朝蜘蛛深深地鞠了一躬，迅速地走了出去。

威灵顿走出了悲痛与失败的阴影。他奋勇而起，激励士气，迅速集结被冲垮的部队，终于在滑铁卢一战中，大败拿破仑，取得了决定性的胜利。

由此可见，失败是一种动力，失败能催人自强，使人上进，激发人的斗志。每遇到一次失败，都能迫使失败者重新选择前进的道路。失败是强者的起点，弱者的终点，所以我们要坦然面对失败。

任何成功都包含着失败，每一次失败都是通向成功不可跨越的阶梯。那种经常被视为是"失败"的事，实际上常常只不过是暂时性的挫折而已。这种失败又常常是一种幸福，是生活赐予我们的最伟大的礼物，因为它使我们振作起来，调整我们的努力方向，使我们向着更正确的方向前进。看起来像是"失败"的事，其实却是一只看不见的慈祥之手，指出了我们的错误路线，并以伟大的智慧促使我们改变方向，让我们向着对我们有利的方向前进。

1984年，可口可乐公司遭到百事可乐公司强有力的挑战，为了扭转不利的竞争局面，可口可乐公司把重任交给了塞吉诺·扎曼。扎曼采取更换可口可乐的旧标识，标之以"新可口可乐"，并对其进行大肆宣传。在新的营销策略中，扎曼犯了一个严重错误，他自以为是，根本就没有考虑到顾客口味的不可变性，他将老可口可乐的酸味变成甜味，这就违背了顾客长久以来形成的习惯。结果，新可口可乐成为继美国著名的艾德塞汽车失利以来最具灾难性的新产品，以致79天后，"老可口可乐"就不得不重返柜台支撑局面——改为"古典可乐"。扎曼的失败对他在公司的地位造成了巨大的负面影响，不久，饱受攻击的他黯然离职。当扎曼离开可口可乐公司以后，有14个月他没有同公司中的任何人交谈过。对于那段不愉快的日子，他回忆道："那时候我真是孤独啊！"但是他没有关闭任何门路。他和另一个合伙人开办了一家咨询公司，在亚特兰大一间被他戏称之为"扎曼市场"的地下室里，他操纵着一台电脑、一部电话和一部传真机，为微软公司和酿酒机械集团这样的著名公司提供咨询。他的信条是："打破常规，敢于冒险。"在这个信条的指引下，扎曼为微软公司、米勒·布鲁因公司为代表的一大批客户成功地策划了一个又一个发展战略。最后，甚至连可口可乐也来向他咨询，请他回来整顿公司工作，可口可乐公司总裁罗伯特也承认："我们因为不能容忍错误而丧失了竞争力，其实，一个人只要运动就难免有摔跟头的时候。"

扎曼的再次成功，证明了他是一位有勇气面对解雇、降职，以及某种程度的失败，最后又能东山再起的人。

失败是人生最好的熔炉。当遭受失败时，人的知识、理智、意志、品格、心理等因素才能接受真正的检验。实际上，人的许多高尚的品质，大都是在失败中磨炼形成的。当你一蹶不振而悲观失望时，切记失败是成功之母，几次碰壁也算不了什么，人生后边的路还很长很长。

在通往成功的道路上，有一些人跌倒以后，就再也没有爬起来，也有一些人把这条路看得遥远可怕，以为是不可能顺利走完的。这些都是懦弱者的表现。对于强者来说，跌倒一次算什么，只要爬起来，同样可以笔直地站在蓝天下，继续往前走。

坎坷的经历是成功的垫脚石

人生是个坎坷的过程，有时它需要忍受无比的痛苦和辛酸，才可以换来成功的笑容！有时它又需要你去忍受无比的痛楚，才得以重生！

山上庙里有尊雕刻精美的佛像，前来拜佛的人络绎不绝。铺在山路上的石阶开始抱怨："大家同是石头，凭什么我被人蹬来踩去，你却被人供在殿堂？"佛像笑了笑："当年，您只挨六刀，做了一方石阶，而我经历了千锤万凿之后，才有了现在的形状！"

冰心曾经说："成功的花，人们只惊羡于她当时的明艳，然而她的芽儿，浸透了奋斗的泪泉，洒遍了牺牲的血雨。"当一个人功成名就的时候，人们只看到了他事业有成后的威风，却忘记他为了成功而经历的那么多的磨炼和困难，付出的心血和汗水。

坎坷的经历是成功的垫脚石。未经历挫折和磨难的考验，怎能体会到胜利和成功的喜悦；未经历风雪交加的黑夜，哪能体会风和日丽的温暖；未经历坎坷泥泞的艰难，哪能知道阳光大道的可贵。

有这样一个故事：

法治大师刚刚遁入空门时，曾是一名行脚僧。

有一天，已经快到晌午了，法治依旧大睡不起。寺庙中的住持方丈很奇怪，推开法治的房门，见床边堆了一大堆破破烂烂的瓦鞋。住持方丈叫醒法治问："日已三竿，为什么还不起床？你不外出化缘，堆这么一堆破瓦鞋做什么？"法治睁开蒙眬的睡眼，打了个哈欠说："别人一年一双瓦鞋都穿不破，我刚剃度一年多，就穿烂了这么多的鞋子。"

方丈一听就明白了，微微一笑说："昨天晚上下了一场大雨，你随我到寺前的路上走走看看吧。"

寺前是一段黄土坡，由于刚下过雨，路面泥泞不堪。

方丈拍着法治的肩膀说："你是想得过且过，做一天和尚撞一天钟；还是想做一个能光大佛法的名僧？"法治答："我当然想做一个名僧。"

方丈捻须一笑："你昨天是否在这条路上走过？"法治说："当然。"方丈问："那么，你能在这条路上找到自己留下的脚印吗？"

法治十分不解地说："昨天这路又干又硬，哪能找到自己的脚印？"

方丈又笑笑说："如果今天我们在这路上走一趟，你能找到你的脚印吗？"法治说："当然能了。"

方丈听了，微笑着拍拍法治的肩说："泥泞的路才能留下脚印，世上芸芸众生莫不如此啊！那些一生碌碌无为的人，不经历风雨，就像一双脚踩在又平又硬的大路上，什么也不会留下。"

　　法治恍然大悟。从此以后，他苦心修炼。

　　是啊，只有那些在风雨中走过的人们，才知道痛苦和快乐究竟意味着什么。那泥泞中留下的两行印迹，就证明着人生的价值。

　　"不经历风雨，怎能见彩虹"，任何一种本领的获得都要经历艰苦的磨炼，任何香甜的果实，都是勇士战胜艰难险阻，用自己的血汗浇灌而成的。

　　古往今来，有许多名人都是经过风雨的洗礼后才获得成功的。司马迁虽遭受宫刑，蒙受大辱，但却顶过磨难，发愤写完了辉煌巨著——《史记》；张士柏经历了从游泳健将到高位截瘫的巨大变更，却并未因此一蹶不振，反而将它化为动力，勤奋学习，完成了许多健康人都做不到的事情；德国诗人海涅生前最后八年是在"被褥的坟墓"中度过的，他手足不能动弹，眼睛半瞎，但生命之火不灭，吟出了大量誉满人间的优秀诗篇。这些经历过风雨洗礼的人，就如同是野外的小草，饱经风雨蹂躏却不倒伏，那些温室里的花朵的生命力又怎么能与他们相比呢？

　　常言道："自古英雄多磨难。" 磨难是检验我们心志的一种最好方式。不要抱怨生活中遇到的困难与挫折，而应把这当成磨炼自己的机会。无论什么人，做任何事情，都会碰到这样或那样的困难，都需要具有坚强的意志和毅力，而在努力的过程中，我们只有知难而进、迎难而上，才能在各自的领域里取得成功。

冒险是通往成功的必由之路

生活中，绝大多数人需要一种安全感，希望生活安定、有保障，因此也极容易产生一种满足感，生活停留在所谓的知足常乐状况。尽管这意味着平庸、单调和乏味，但是他们也不愿打破它，常常任其他生活机会从身边溜过，也不去试试它。

一天，龙虾与寄居蟹在深海中相遇，寄居蟹看见龙虾正把自己的硬壳脱掉，露出娇嫩的身躯。寄居蟹非常紧张地说："龙虾，你怎么可以把唯一保护自己身躯的硬壳放弃呢？难道你不怕有大鱼一口把你吃掉吗？急流把你冲到岩石上去，你那么娇嫩，不死才怪呢？"

龙虾回答："谢谢你的关心，但是你不了解，我们龙虾每次成长，都必须先脱掉旧壳，才能生长出更坚固的外壳，现在面对危险，就是在为将来发展得更好而做准备。"

寄居蟹思量，自己整天只找可以避居的地方，而没有想过如何令自己成长得更强壮，整天只活在别人的荫庇之下，难怪限制了自己的发展。

由此可以看出，不敢于冒风险，就会限制个人的发展。对于个人发展来说，冒险则成为通向成功的必由之路。

惧怕失败，不冒风险，求稳怕乱、平平稳稳地过一辈子，虽然可靠、平静，虽然生活"比上不足比下有余"，但那是多么的无聊。冒险失败远胜于安逸平庸。与其平庸地过一辈子，不如轰轰烈烈地干一场。尝试和冒险能够带给你一些全新的体验，一些你所未知的领域的体验，可以说，冒险的体验正是你进步和快乐的源泉，因此对于还没有发生的事情完全不必心怀恐惧，也不要费心做那种无谓的尝试，试图把生活中的每一面都规划好。倘若你想让自己的生活丰富多彩，那么就需要让你的生活多一些意外，多一些弹性。其实不管是你的工作，还是你的生活，如果总是重复着相同的内容，又怎么会有新的收获呢？你应该明白，生活并不能够预先设计，因此对于不可预知的未来，你没有必要去担心或惧怕，你应该打破你的规矩，突破你的封锁，发挥敢为人先的冒险精神，去体验冒险给你带来的快乐及成功。

对于强者来说，"无险不足以言勇"。一个真正的强者，厌恶平淡无奇的生活，他们渴望冒险，希望在生活中掀起巨浪，喜欢充满传奇色彩的浪漫生活。从这个意义上说，敢不敢冒险，正是区别强者和弱者的标志之一。

井植岁男是日本三洋电机公司的创办人，他在1947年创立三洋电机公司时，公司只有20个人，从一间小厂房起步，到1993年，该公司已发展成为一个跨国经营的大企业。

井植岁男性格豪放，决断大胆，处事单纯明快，不拘小节。井植岁男从姐夫的公司走出来自己创立"三洋"，是其胆识的体现，经过几十年的艰苦经营，把"三洋"发展成为世界级的大企业，也是其胆识结出的硕果。

而许多人却因为没有胆识失去致富的机会。

1955年，井植岁男曾试图鼓励其雇用的园艺师傅自己创业，但这位园艺师傅却因为缺乏胆量而失去一个致富的机会。

有一天，园艺师傅向井植岁男请教说："社长先生，我看您的事业愈做愈大，而我就像树上的一只蝉，一生都在树干上，太没出息了。请您教我一点儿创业的秘诀吧！”

井植点头说：“行！我看你比较适合园艺方面的事业。这样好啦，在我工厂旁有2万坪空地，我们合作种树苗吧！我想种树苗出售是项有前途的事业。你知道一棵树苗多少钱可以买到？”

“40元。”

井植又说：“好！以一坪地种2棵计算，扣除走道，2万坪地大约可种2.5万棵，树苗的成本刚好是100万元。三年后，一棵可卖多少钱呢？”

“大约3000元。”

“100万元的树苗成本与肥料费都由我支付，以后的三年，你负责浇水、除草和施肥工作。三年后，我们就有600万元的利润，那时我们每人一半。”井植岁男认真地说。

不料，那园艺师傅却拒绝说：“哇！我不敢做那么大的生意。”

最后，井植只好作罢。他无可奈何地说：“要创业，必须要有胆识，否则，面对好的机会，不敢去掌握与尝试，这固然没有失败的顾虑，但是却失去了成功的机会。世上凡事都有风险，欲要成功，必须以胆量和力量去排除风险。”

在很多情况下，强者之所以成为强者，就是因为他们敢为别人所不敢为。如果缩手缩脚，即使有比别人更新的思想，也只能错过机会，成为过时的东西。

生活中，不能缺少冒险精神，什么事情都要去勇敢地尝试。对于一项需要冒险的工作，当别人犹犹豫豫的时候，你迅速做出决断，大胆承担起来，很可能这就是改变你命运的关键性一步。

在人生中，思前想后，犹豫不决固然可以免去一些做错事的可能，但更大的可能是会失去更多成功的机遇。这种得不偿失的结果对我们来说才是更大的损失。因此，我们必须学会冒险，学会去尝试，因为生活中最大的危险就是不冒任何风险。只有敢于冒险，才会有更多成功的机会。

价值百万的

9堂人生哲学课

第五课
人在江湖飘，你要懂社交

有人的地方就有江湖。当今社会就是一个江湖，每个人都身处其中，难免要与他人进行交往，我们只有学习一些"江湖规矩"，学会人与人之间的相处之道，才能更好地活在江湖。有这样一句话：没有交际能力的人，就像陆地上的船，永远到不了人生的大海。的确，我们只有不断地与人进行交往和信息沟通，才能不断地丰富自己、发展自己，进而开创美好的人生。

用宽容化解干戈

如果有人打了你的左脸，你会怎么办？我想，人通常会有以下三种反应：一是以牙还牙，以眼还眼，还以颜色；二是少惹事，忍了算了；三是借题发挥，彻底征服，不但断了打人者再次报复的念头，而且以此树威，让别人也不敢产生打其左脸的念头。

但上帝却给了我们一个听起来很有趣又很有深意的回答："如果有人打你的左脸，你就将右脸也伸过去。"有人可能会说，只有傻子才会这样做。而事实上，这是圣人的一种境界，即别人欺负你了，你要忍着，被打碎牙齿也要往肚子里吞，你不但不应当恨他，反而应该对他更好，要用你的爱心去感化他，用你的胸怀去感动他。也就是我们常说的"以德服人"或"以德报怨"。

俗话说：冤冤相报何时了。以德报怨，浇下宽容与友爱之水，必定结出友爱的果实。如果你在切肤之痛后，采取别人难以想象的态度，宽容对方，表现出别人难以达到的襟怀，你的形象瞬时就会高大起来，你的宽宏大量、光明磊落使你的精神达到一个新的境界，你的人格折射出高尚的光彩。以德报怨，不但能很容易地化解矛盾，还能收获对方的尊重和友善。

宽容，作为一种美德受到了人们的推崇，作为一种人际交往的心理因素也越来越受到人们的重视和青睐。宽容的伟大来自于内心，宽容无法强迫，真正的宽容总是真诚的、自然的。用你的体谅、关怀、宽容对待曾经伤害过你的人，使他感受到你的真诚和温暖。宽容所至，能化干戈为玉帛，仇恨的乌云也会被一片祥和之光所驱散，澄明而辽阔，蔚蓝如洗。

"二战"期间，一支部队在森林中与敌人相遇激战，最后两名战士与部队分开，失去了联系。他们之所以在战场上还能相互照顾，彼此不分，因为他们是来自同一个小镇的朋友。

两个人在森林中艰难跋涉，他们互相鼓励、互相安慰，十多天过去了，他们仍然未能与部队联系上。这一天，他们打到了一只鹿，依靠鹿肉他们又艰难地度过了几天。可是也许是战争的原因，动物都四散奔逃，或被杀光了，他们从这以后再也没有看到任何动物。仅剩下的一点鹿肉背在年轻一点的战友身上，这一天，他们在森林边又遇到了敌人，经过再一次激战，他们巧妙地避开了敌人。就在自以为安全了的时候，这时只听见一声枪响，走在前面的年轻战士中了一枪，幸亏是在肩膀，后面的战友惶恐地跑了过来，他害怕得语无伦次，抱着战友的身体泪流不止，赶忙把自己的衬衣撕开包扎战友的伤口。

晚上，未受伤的战士一直叨念着母亲，两眼直勾勾的，他们都以为他们的生命即将结束。虽然饥饿，身边的鹿肉谁也没有动。天知道他们怎么度过了那一夜，第二天，部队救了他们。

时隔30年，那位受伤的战士说："我知道谁朝我开了一枪，他就是我的朋友，他去年去世了。在他抱住我的时候，我碰到了他发热的枪管，我怎么也不明白，但当晚我就宽容了他，我知道他想独吞我身上带的鹿肉活下来，但我也知道他活下来是为了他的母亲。此后的30年，我装作根本不知道此事，也从不提及。战争太残酷了，他的母亲还是没能等到他回来，我和他一起祭奠了老人家。后来，他跪下来说，请我原谅，我没让他说下去，我们又做了二十几年的朋友，我没理由不宽容他。"

宽容是极高思想境界的升华，是一种博大的情怀。表面上看，它只是一种放弃报复的决定，这种观点似乎有些消极，但真正的宽容却是一种需要巨大精神力量支持的积极行为。正如斯宾诺莎所说："心不是靠武力征服，而是靠爱、宽容和大度征服。"同是面对他人的过错，耿耿于怀、睚眦必报定会带来心灵的负担。真正的仁者会选择一份包容、一份泰然来回应。包容的神奇就在于化干戈为玉帛，化敌人为朋友。

不要同傻子争论，否则让人分不清谁是傻子

在人际交往中，每个人都会遇到相异于自己的人。大至思想观念，为人处世之道，小至对某人、某事的看法和评论。这些程度不同的差异都会外化成人与人之间的争执与论辩。但如果你在争辩中碰到一个傻子或无知的人，又怎么能用辩论换来胜利呢？

通常，一个人和傻子争论，会出现三种结果。一是他赢了傻子：比傻子还傻；二是傻子把他赢了：连傻子都不如；三是和傻子打平了：跟傻子一样。所以说，不要同傻子争论，否则让人分不清谁是傻子。

有一次，孔子遇到了两个樵夫，他们正在争论一件事。孔子上前倾听，两个樵夫都争先恐后地向孔子诉说事情的原委，他们在争论 3 乘以 8 是24还是23。一个樵夫说是24，另一个偏偏说是23。孔子听后，笑着对说24的人说："你错了，他是对的。"说23的人笑呵呵地走了。剩下的樵夫不服气地对孔子说："你是怎么回事？明明应该是24，这个连小孩子都知道的，你怎么说他是正确的呢？"孔子笑着说："既然是连小孩子都知道的事情，他却不知道，岂不是他连小孩子都

不如，你和他争论有意思吗？说你错了，对你又会有什么损失呢？你和他争论下去不是白白浪费时间吗？"

看来，不论对方是聪明还是愚笨，你不可能靠辩论改变他人的想法。即使你在争论中有理，但要想改变别人的主意，也是徒劳的。所以，何必和无知的人一般见识，不去争论并不能说明你无知，相反，能反衬出急于争论者的贫乏和无知。

然而现实生活中，很多人喜欢争辩，对一个问题、一个观点，争得脸红脖子粗，大有针尖对麦芒之势，其实，跳出来看，有必要去争辩吗？有些事情根本没有必要争辩。

争论或许会让你赢得胜利，但是即使赢了，实际上你还是输了。为什么？如果你的胜利使对方的论点被攻击得千疮百孔，证明他一无是处，那又怎么样？你会觉得扬扬得意；但对方呢？他会自惭形秽，你伤了他的自尊，他会怨恨你的胜利。而且一个人即使口服，但心里并不服。因此，争论是要不得的，甚至连最不露痕迹的争论也要不得。如果你老是抬杠、反驳，即使偶尔获得胜利，却永远得不到对方的好感。真正赢得胜利的方法不是争论，而是不要争论。

有一天晚上，卡尔参加一次宴会。宴席中，坐在卡尔右边的一位先生讲了一段幽默笑话，并引用了一句话，意思是"谋事在人，成事在天"。

他说那句话出自《圣经》，但他错了。卡尔知道正确的出处，一点疑问也没有。

为了表现出优越感，卡尔很讨嫌地纠正他。那人立刻反唇相讥："什么？出自莎士比亚？不可能，绝对不可能！那句话出自《圣经》。"他自信确定如此！

那位先生坐在右手，卡尔的老朋友弗兰克·格蒙研究莎士比亚的著作已有多年。于是，他们俩都同意向格蒙请教。格蒙听了，在桌下踢了卡尔一下，然后说："卡尔，这位先生没说错，《圣经》里有这句话。"

那晚回家路上，卡尔对格蒙说："弗兰克，你明明知道那句话出自莎士比亚。"

"是的，当然，"他回答，"《哈姆雷特》第五幕第二场。可是亲爱的卡尔，我们是宴会上的客人，为什么要证明他错了？那样会使他喜欢你吗？为什么不给他留点面子？他并没问你的意见啊！他不需要你的意见，为什么要跟他抬杠？应该避免这些毫无意义的争论。"

人生之中，何必事事都要去争论，以赢取那无谓的胜利。但在时下这个喧嚣的社会，有太多人愿意参与到这样无休止的争论中去，发表一些自以为是的观点，可结果呢，也许一辈子也没有结果。更重要的是，这样做对你毫无意义，不但为自己树立了敌人，还对你的人生没有任何助益。正如睿智的班杰明·富兰克林所说的："如果你老是争辩、反驳，也许偶尔能获胜，但那是空洞的胜利，因为你永远得不到对方的好感。"

的确，争吵是毫无意义的。但人总有一个通病，不管有理没理，当自己的意见被别人直接反驳时，内心总是不痛快的，甚至会被激怒。事实上，用争论的方法不能改变别人的想法，而只会引起反感；争论所引起的愤怒常常引起人际关系的恶化，而所被争论的事物依旧不会得到改善。所以，如果你不想树立对立情绪，而想搞好人际关系，请记住：永远避免同别人进行无谓的争论。

只要肯开口赞美别人，你将会是最大的赢家

乐于听美言是人类的一种天性。有时，即使明知对方讲的赞美话有些言过其实，但心中还是免不了会沾沾自喜，这是人性的弱点。换句话说，一个人受到别人的夸赞，绝不会觉得厌恶，除非对方说得太离谱了。

我国清朝出现过一部名叫《一笑》的书，里面记载了这样一则笑话：

古时有一个说客，当众夸口说："小人虽不才，但极能奉承。平生有一愿，要将一千顶高帽子戴给我最先遇到的一千个人，现在已送出了999顶，只剩下最后一顶了。"一长者听后摇头说道："我偏不信，你那最后一顶用什么方法也戴不到我的头上。"说客一听，忙拱手道："先生说得极是，不才从南到北，闯了大半辈子，但像先生这样秉性刚直、不喜奉承的人，委实没有！"长者顿时手持胡须，扬扬自得地说："你真算得上是了解我的人啊！"听了这话，那位说客立即哈哈大笑："恭喜恭喜，我这最后一顶帽子刚刚送给先生你了。"

这只是一则笑话，但它却有深刻的寓意。其中除了那位说客的机智外，更包含了人们无法拒绝赞美之词的道理。之所以如此，最主要的原因便在于赞美能满足被赞美者的自我。如果你能以诚挚的敬意和真心实意的赞扬满足一个人的自我，那么任何一个人都可能会变得更令人愉快、更通情达理、更乐于协力合作。

生活中，每一个人都希望得到别人的赞美，赞美能激发人的自豪感和成就感，营造美好的心境，促生进取的动力。而赞美者在赞美、鼓励别人的同时，也会改善自己与周围的关系，丰富自己的生存智慧。

有一位销售人员去拜访一个新顾客，主人刚把门打开，一只活泼可爱的小狗就从主人脚边钻了出来，好奇地打量着他。销售人员见此情景决定马上改变原已设计的销售语言，他装着惊喜地说："哟，多可爱的小狗！是外国的狗吧？"

主人自豪地说："对呀！"

销售人员又说："真漂亮，鬃毛收拾得整整齐齐的，您一定天天给它梳洗吧！真不容易啊！"

主人很愉快地说："是啊！是不容易的，不过它很惹人喜欢。"

销售人员就这条狗展开了话题，然后又巧妙地将话引到他的真正意图上。待主人醒悟过来时，已不好意思再将他扫地出门了。

真诚地赞美别人，这是令人开心的特效药。发自内心的赞美可以让我们快速地获得陌生人的好感，同时也可能会给你带来意想不到的帮助。

莎士比亚曾经说过这样的一句话："赞美是照在人心灵上的阳光，没有阳光，我们就不能生长。"心理学家威廉·杰尔士也说过这样的一句话："人性最深切的要求就是渴望得到别人的欣赏。"在人与人的交往中，适当地赞美对方，会增强这种和谐、温暖和美好的感情。你存在的价值也就被肯定，使你得到一种成就感。

赞美是成功人际交往的一种重要能力，人们会因此而喜欢你，而你自己也会因此受益无穷。俗话说，"良言一句三冬暖"，人一旦被认定其价值时，总会喜不自胜，在此基础上，你再提出自己的请求，对方自然就会爽快地答应下来。心理学家证实：心理上的亲和，是别人接受你意见的开始，也是转变态度的开始。由此可知，求助者要想在求人办事的过程中取得成功，一个行之有效的方法就是给予对方真诚的赞美。赞美别人是一种有效的情感投资，而且投入少，回报大，是一种非常符合经济原则的行为方式。

有一个年轻人应邀去参加一个盛大的舞会，可是年轻人却显得心事重重。一位年长的女士邀请他共舞一曲，随着欢快的舞曲，年轻人也变得开朗起来。

一曲结束，年轻人对年长的女士给予由衷的赞美，对她的舞技大加赞赏。年长的女士听到有人这么欣赏她的长处，显得很开心。出于好奇，女士忍不住询问年轻人刚开始时为何愁眉不展。

年轻人讲出了原因，原来年轻人是一家运输公司的老板，可是由于自然灾害的原因，他的公司遭受了很大的损失，已经接近破产的边缘。年轻人已经没有多余的资金维持公司的周转了，即使想翻身也没有机会。

事有凑巧，年长女士的丈夫是当地一家大银行的行长，女士很爽快地把年轻人介绍给了她的丈夫，她的丈夫随即找人对年轻人的公司进行了分析和调查，给他贷款100万，帮助年轻人渡过了难关，解了燃眉之急。

赞美是人际关系的催化剂。真诚的赞美往往会迅速缩短人与人之间的心理距离，从而达成有效沟通的目的。鼓励和赞美他人，使他人有一种满足感，这对交往来说，有不可估量的作用。所以，在人际交往中，我们要善于发现别人身上的优点，恰到好处地赞扬别人。

要想获得尊重，首先学会尊重别人

交往艺术的核心在于对别人表示尊重。古人云："尊人者，人尊之。"只有尊重自己的交往对象，交往对象才会尊重你。在互相尊重的氛围下，交往才能顺利进行。所以，人与人之间的交往，都应建立在真诚与尊重的基础上。

哲学家威廉·詹姆士说过："潜藏在人们内心深处的最深层次的动力，是想被人承认、想受人尊重的欲望。"渴望受人喜爱、受人尊敬、受人崇拜，这是人类天生的本性。但是，有取必有予，我们希望获得些什么，也就必须首先付出些什么。我们希望获得别人的尊重，这就要求我们每一个人都要先学会尊重他人，这样我们才能获得别人的尊重。

一个富翁为受不到旁人的尊重苦恼不已。某日上街，见到一个衣衫褴褛的乞丐，便掷出一枚亮晶晶的金币于其破碗内。殊知乞丐竟忙于捉虱子毫不理会。富翁不由得生气："你眼睛瞎了？没看见我给你的是金币吗？"乞丐仍不抬头，答道："给不给是你的事，不高兴可以拿回去。"富翁大怒，遂又丢了十个金币于碗中，却不料乞丐仍旧不理不睬……

富翁暴跳起来，说："我将所有财产都给你，你可愿意尊重我？"乞丐大笑："你将财产给了我，你就成了乞丐而我成了富翁，我凭什么要尊重你？"

尊重是人际交往的桥梁。没有尊重的交往是不可能持续下去的。只有相互尊重，才能相互认可，体验对方的心情，让对方乐于接受。

有时，我们都希望赢得别人的尊重，却往往忽视了尊重别人。"己所不欲，勿施于人"，是尊重他人的基本原则。心理学研究表明，人都有受尊敬的欲望，并且受尊重的希望都非常强烈。人们渴望自立，成为家庭和社会中的一员，平等地同他人进行沟通。如果你能以平等的姿态与人沟通，对方会觉得受到尊重而对你产生好感；相反，如果你自觉高人一等、居高临下、盛气凌人地与人沟通，对方会感到自尊受到了伤害而拒绝与你交往。

每个人都有让人尊重之处，善于发现别人的长处，就会尊重别人。"人不如己，尊重别人；己不如人，尊重自己。"无论身处何位，尊重别人与自我尊重一样重要。一个人只有懂得尊重别人，才能赢得别人真正的尊重。

这是发生在美国纽约曼哈顿的真实故事。

一天，一位40多岁的中年女人领着一个小男孩走进美国著名企业"巨象集团"总部大厦楼下的花园，在一张长椅上坐下来。她不停地在跟男孩说着什么，似乎很生气的样子。不远处有一位头发花白的老人正在修剪灌木。

忽然，中年女人从随身提包里拉出一团白花花的卫生纸，一甩手将它抛到老人刚修剪过的灌木上面。老人诧异地转过头朝中年女人看了一眼，中年女人满不在乎地看着他。老人什么话也没有说，走过去拿起那团卫生纸，把它扔进了一旁装垃圾的筐子里。

过了一会儿，中年女人又拉出一团卫生纸扔了过来。老人再次走过去把那团卫生纸拾起来扔到筐子里，然后回到原处继续工作。可是，老人刚拿起剪刀，第三团卫生纸又落在了他眼前的灌木上……就这样，老人一连捡了那中年女人扔过来的六七团纸，但他始终没有因此露出不满和厌烦的神色。

"你看见了吧！"中年女人指了指修剪灌木的老人对男孩大声说道，"我希望你明白，你如果现在不好好上学，将来就会跟他一样没出息，只能做这些卑微低贱的工作！"

老人听见后放下剪刀走过来，和颜悦色地对中年女人说："夫人，这里是集团的私家花园，按规定只有集团员工才能进来。"

"那当然，我是巨象集团所属的一家公司的部门经理，就在这座大厦里工作！"中年女人高傲地说道，同时掏出证件朝老人晃了晃。

"我能借你的手机用一下吗？"老人沉默了一会儿说。

中年女人极不情愿地把手机递给老人，同时又不失时机地开导儿子："你看这些穷人，这么大年纪了连手机也买不起。你今后一定要努力啊！"

老人打完电话后把手机还给了妇人。很快一名男子匆匆走过来，恭恭敬敬地站在老人面前。老人对来者说："我现在提议免去这位女士在巨象集团的职务！""是，我立刻按您的指示去办！"那人连声应道。

老人吩咐完后径直朝小男孩走去，他伸手抚摸了一下男孩的头，意味深长地说："我希望你明白，在这世界上最重要的是要学会尊重每一个人……"说完，老人撇下三人缓缓而去。 中年女人被眼前骤然发生的事情惊呆了。她认识那个男子，他是巨象集团主管任免各级员工的一个高级职员。"你……你怎么会对这个老园工那么尊敬呢？"她大惑不解地问。

"你说什么？老园工？他是集团总裁詹姆斯先生！"中年女人一下子瘫坐在

长椅上。

　　这个故事进一步说明只有真正学会尊重他人、尊重身边的每一个人，才能得到他人的尊重，最终才不会使自己受到损失。

　　现实生活中，我们要学会尊重每一个人，无论一个人的身份和工作多么卑微、穿着或长相有多么寒酸，我们都应尊重他，这是我们应该具备的良好品质。要知道，尊重没有高低贵贱之分，而且尊重别人就是在尊重自己。

　　任何人都有自尊和被人尊重的需要。如果你不能满足他人的这种最基本、最简单的需要，那么他人肯定不愿意与你相处。一句古语说得好："君子敬而无失，与人恭而有礼。"只有尊敬别人才能换来别人对你的尊敬，只有互相尊敬才能互相受益。

　　我们活在这世上，人人都需要别人的尊重与认可，当你主动尊重别人，给人以真诚、温暖与鼓励的时候，他们也将用同样的方式对待你。

学会对每个人微笑

　　在世界艺术的殿堂里，名留史册的艺术家成百上千，传之后世的作品琳琅满目，但是堪称大师级的作品却屈指可数，具有划时代意义的名作更是凤毛麟角。而在法国卢佛尔博物馆里，却陈列着一幅具有永恒魅力的作品，这就是达·芬奇的代表作《蒙娜丽莎》。蒙娜丽莎以其含蓄迷人的微笑，把人类的美升华到了一种光照寰宇的境界。

微笑是交际活动中最富有吸引力、最有价值的面部表情。无论是在生活中或是工作中，只要你不吝惜微笑，往往就能够左右逢源、顺心如意。这是因为微笑表现着自己友善、谦恭、渴望友谊的美好感情，是向他人发射出的理解、宽容、信任的信号。

张少华是某图书出版公司的老板，别看他年纪轻轻，但却几乎具备了成功男人应该具备的所有优点。他有明确的人生目标，他的嗓音深沉圆润，讲话切中要害；有不断克服困难的信心；他走路大步流星、工作雷厉风行、办事干脆利索；而且他总是显得雄心勃勃，富有朝气。他对于生活的认真与投入是有口皆碑的，而且，他对于下属也很真诚，讲求公平对待，与他深交的人都为拥有这样一个好朋友而自豪。但初次见到他的人却对他少有好感。这令熟知他的人大为吃惊。为什么呢？仔细观察后才发现，原来他的脸上几乎没有笑容。

平日里，张少华深沉严峻的脸上永远是炯炯的目光、紧闭的嘴唇和紧咬的牙关。即便在轻松的社交场合也是如此。他在舞池中优美的舞姿几乎令所有的女士动心，但却很少有人同他跳舞。公司的女员工见了他更是如同山羊见了虎豹，男员工对他的支持与认同也不是很多。而事实上他只是缺少了一样东西，却是一样足以致命的东西——一副动人的、微笑的面孔。

可见，整天板着一张面孔的人是没有人喜欢的。每个人都喜欢看到一张微笑的脸，它透露着亲切和阳光，在给自己一个轻松的心情的同时，也能带给别人一种轻松的感觉。所以，假如你要获得别人的欢迎，请给人以真心的微笑。

微笑不仅是一种表情，更是一种感情的流露。没有人会因为富有而抛弃它，也没有人因为贫穷而将它冷落。一旦你学会了阳光灿烂的微笑，你就会发现，你的生活从此就会变得更加轻松，而人们也喜欢享受你那阳光灿烂的微笑。

无论你在什么地方，无论你在做什么，简单的一个微笑是一种最为普及的语言，能够消除人与人之间的隔阂。人与人之间最短的距离是一个可以分享的微笑，即使是你一个人微笑，也可以使你和自己的心灵进行交流和相互抚慰。

飞机起飞前，一位乘客请求空姐给他倒一杯水吃药。空姐很有礼貌地说："先生，为了您的安全，请稍等片刻，等飞机进入平稳飞行后，我会立刻把水给您送过来。好吗？"

15分钟后，飞机早已进入了平稳飞行状态。突然，乘客服务铃急促地响了起来，空姐猛然意识到：糟了，由于太忙，忘记给那位乘客倒水了！空姐连忙来到客舱，小心翼翼地把水送到那位乘客跟前，面带微笑地说："先生，实在是对不起，由于我的疏忽，延误了您吃药的时间，我感到非常抱歉。"这位乘客抬起左手，指着手表说道："怎么回事？有你这样服务的吗？你看看，都过了多久了？"空姐手里端着水，心里感到很委屈。但是，无论她怎么解释，这位挑剔的乘客都不肯原谅她的疏忽。

接下来的飞行途中，为了补偿自己的过失，空姐每次去客舱给乘客服务时，都会特意走到那位乘客面前，面带微笑地询问他是否需要水，或者别的什么帮助。然而，那位乘客余怒未消，摆出一副不合作的样子，并不理会空姐。

临到目的地前，那位乘客要求空姐把留言本给他送过去。很显然，他要投诉这名空姐。此时，空姐心里虽然很委屈，但是仍然不失职业道德，显得非常有礼貌，而且面带微笑地说道："先生，请允许我再次向您表示真诚的歉意，无论你提出什么意见，我都将欣然接受您的批评！"那位乘客脸色一紧，嘴巴准备说什么，可是却没有开口。他接过留言本，在上面写了起来。

飞机安全降落。所有的乘客陆续离开后，空姐打开留言本，惊奇地发现，那位乘客在本子上写下的并不是投诉信，而是一封热情洋溢的表扬信。

是什么使得这位挑剔的乘客最终放弃了投诉呢？在信中，空姐读到这样一句话："在整个过程中，你表现出的真诚的歉意，特别是你的十二次微笑，深深打动了我，使我最终决定将投诉信写成表扬信！你的服务质量很高。下次如果有机会，我还将乘坐你们的这趟航班！"

由此可见，微笑是一种武器，是一种寻求和解的武器。微笑能将怒气挡在对方体内，阻止他的进攻。无论是在生活还是在工作中，只要你不吝惜微笑，往往就能够左右逢源、顺心如意。这是因为微笑表现着自己友善、谦恭、渴望友谊的美好的感情因素，是向他人发射出的理解、宽容、信任的信号。

在我们的生活中不能没有微笑。一位诗人曾经这样写道："你需要的话，可以拿走我的面包，可以拿走我的空气，可是别把你的微笑拿走。因为生活需要微笑，也正因为有了微笑，生活便有了生气。"的确，我们的生活中不能没有微笑。微笑是一缕春风，化开久冻的坚冰；微笑是一滴甘露，滋润久旱的心田；微笑是人们脸上高尚的表情，温馨而怡人。每天给自己一个微笑，你会赶走生活中所有的烦恼。

编织良好的人际关系网

有这样一个寓言故事：

一只青蛙遇见一只蜘蛛，便大吐苦水："唉！命运真是不公平！我从蝌蚪时代便辛勤劳作，没有一天懈怠过，一生也只能勉强糊口。现在我年龄大了，没有力气干活了，等待我的只能是饥饿而死。而我从来没见你劳作过，却衣食丰足。就是现在老了，你仍不愁吃喝，自有投网者送来美味佳肴。不是说天道酬勤吗？

我怎么会落到这种地步呢？"

蜘蛛回答说："你说我没劳作，这是不对的。想当年，我每天辛辛苦苦，日复一日地编织我这张网。我是靠一张网在生活，网不会因我年老而衰。所以，我虽然年事已高，却不用为温饱而发愁。如果我也像你一样，靠我这几条纤细的腿来生活，我会过得比你还惨。"

这个寓言给人很深的启示：蜘蛛能坐享其成，靠的就是那张编织的网。其实，人生大概与蜘蛛织网也差不多，织好它，等待，然后总会有机会到来。

如何让你的人生过得更精彩呢？方法很简单——编织良好的人际关系网。

马克思说："人的本质就是社会关系的总和。"社会是一张网，我们每个人只不过是其中的一个结，你和越多的人建立了有效的联系，那么你就越能四通八达，这张网就是我们通往成功彼岸的捷径。否则，你就只是这么一个结，即使这个结再大，也还是孤零零的结，终究于事无补。

一个人靠人脉关系得到的机遇要比自己捕捉的机遇要多得多。如果我们用心观察就不难发现，生活中的那些成功者大多是人脉宽广的人，他们在经营事业的同时，也在不断地经营人脉。人脉旺，事业更旺。

晚清时期的"红顶商人"胡雪岩说："越是本事大的人，越要人照应。皇帝要太监，老爷要跟班，只有叫花子不要人照应。这个比方不大恰当，不过做生意一定要有伙计。市面要撑得大，没有人照应，赤手空拳，天大的本事也无用。"

为了能得到大家的照应，胡雪岩在一生中，总是把人脉经营放在首位。在王有龄落魄之时，他不惜冒着丢掉饭碗的危险予以接济，因而结交了一位官场知己。随着王有龄的升迁，胡雪岩的事业也如日中天，从钱庄到丝绸业，到当铺，生意横跨好几个行业，成为浙江商界的领袖人物；他为封疆大吏左宗棠的军队捐款、捐粮，赢得了左宗棠的信任，找到了官场上的有力靠山，在左宗棠的举荐下，他四品红顶高戴，成了真正的"红顶商人"；在漕米押运一事中，他贷款给漕帮，解决他们的财务危机，自此，漕帮对胡雪岩唯命是听，只要是胡雪岩的货，漕帮绝对是优先运输，所以胡雪岩的货向来是畅通无阻、来往迅速；设立"阴俸"、"阳俸"，解决员工的后顾之忧，员工个个尽心尽力，由此激发出的生产积极性和创造力所转化的经济效益远远超过了所支出的金额……

胡雪岩为自己精心编织了一张巨大的、错综复杂的人脉网，将社会各个阶层的人尽可能网到自己的圈子中，为自己聚敛财富，最终成为富可敌国的大商人。

由此可见，一个人的人脉有多广，他的事业和未来就有多精彩。你如果想在社会上立足，想在事业上出人头地，就必须学会积极积累自己的人脉，并让这些人脉资源变成自己成功的法宝。

莫罗尔在担任美国纽约某银行的董事长兼总经理的时候，他的年收入高达100万美元。但是他最初只不过是一个小法庭的书记员而已。后来让他的事业发生巨大变化的原因是什么呢？莫罗尔一生中最幸运，也是最重大的一件事就是他赢得了一个大财团董事的青睐，从而事业一蹴而就，成为全国瞩目的商业巨子。据说这个大财团董事挑选莫罗尔担任这一要职时，不仅是因为他在经济界享有盛誉，更多的是因为他不但人格高尚，而且特别会与人相处。他常对人说："良好的人际关系是事业成功的最重要的因素之一"、"没有人能准确地说出'关系'是什么，但如果一个人没有良好的人际关系，便没有成功的希望。事业的成功70%靠的是人际关系。这是毋庸讳言的"。

其实，成功的过程本身就是一个不断编织和积累人际关系的过程，人脉资源的多少决定了成功的程度。斯坦福研究中心曾发表过一份报告：一个人赚的钱，12.5%来自知识，87.5%来自关系。成功学之父戴尔·卡耐基也曾说过："一个人事业上的成功，有15%是由于他的专业技术，另外的85%主要靠人际关系、处世技巧。"可见，人脉对于成功是何等重要，无论我们干哪一行，或从事何种职业或专业，如果我们有良好的人脉关系，获得成功就很容易；如果我们不知如何与他人相处，那么要获得成功就很困难。

在我们追求事业成功的过程中，人脉起着至关重要的作用。如果说血脉是人的生理生命的支持系统，那么人脉则是人的社会生命的支持系统。在今天的商业社会里，人脉就是机会，人脉就是前途，人脉就是财富。随着全球网络的极速发展，整个世界日益成为一个脉络丰富的地球村，人与人之间的联系也随之更加密切。我们的学习、工作、生活、娱乐都紧密地与别人联系起来，整个世界已经形成一个有机脉络。你与别人之间的脉络越丰富，你的事业就越发达。因此，能成就大业者，除了要有一定的业务知识，最为关键的还是要创建有利于自己发展的人脉关系。

学会入乡随俗，培养适应能力

屎壳郎，学名蜣螂，喜食粪便，多以动物粪便为食，有"自然界清道夫"的称号。当屎壳郎发现了一堆粪便后，便会用腿将部分粪便制成一个球状，将其滚开。通常，它会先把粪球藏起来，然后再吃掉。这是屎壳郎的生活习性。

屎壳郎以粪便为食，在它们的国度里，只有遵从它们的生活习性，喜欢它们喜欢的食物——大粪，才会赢得它们的欢迎。所以只有学会入乡随俗，你也才会取得个人的成功。

一个人来到异国他乡，要想生存并得到发展，就要入乡随俗。相反，如果不了解对方的习俗，不遵从对方的习俗，就可能会产生沟通障碍，不论你是要谈生意还是做其他事情，成功的概率就很小了。

故事中的弟弟是一个聪明的人，他懂得入乡随俗的道理，所以受到了人们的欢迎。而哥哥却是一个墨守礼仪的迂腐之人，总想用自己的习惯去改变环境，结果事与愿违。所以说，一个人要想营造成功的人生，一定要有适应环境变化以及新环境的能力，否则必将遭遇故事中哥哥的命运。

许多人都不乏这样的经历，到一个陌生环境里吃不好，睡不好，有的甚至还生了病，还有一些人因为总是拘泥于以前的状况，对于新发生的一切觉察不到。这是对新环境的不适应所造成的。因为一个地方有一个地方的习惯和风俗，如果想到一个新地方去发展，千万不要轻视了这一点。

举个浅显的例子吧，假若你想去东北开个菜馆，你可以不全卖东北菜，但最起码的东北四大炖菜你可一定要保留，并且一定要请当地人做菜，假若你想靠什么湘菜或其他什么菜在东北站稳脚跟，那你压根就是在做梦。因为东北人最爱吃的就是炖菜，哪怕是东北乱炖比不上你那精工细做的美味，你的菜还是难以被东北人接受。

再比如，因为东北人豪爽、讲义气，所以你只要服务态度好，他下次肯定还会光顾你的菜馆，而假若你态度差，即使给予他一定的折扣，他也未必下次再来，因为他会认为你不够义气。

网上曾流传过的"某某解说员语录"中有这么一句："大家看，场边戴绿帽子的就是沙特队教练。"听了这样的解说，绝大多数中国人都会报以会心的微笑，因为中国人知道"绿帽子"是什么意思。假设一个世界帽子巨头准备进军中国市场，不管他们给男士设计的帽子多好看，质量多好，价格多便宜，如果他们把准备卖给中国男士的帽子做成绿色的话，我相信大家都知道有什么后果。这就是因为没有入乡随俗。所以说，到什么山唱什么歌，不管在哪里，只有尽快入乡随俗，才能更多地享受生活，体会到生活的乐趣和真谛。

特别是在现代社会，我们更要学会入乡随俗，不断培养自己的适应能力，在不同的环境中要学会不同的生活方式，以圆随方，不能与周围的人格格不入，否则就会有碍于人际交往，烦恼也会接踵而来。

当你搬开别人脚下的石头时，
兴许是在为自己铺路

生活中，不少人认为帮助别人，自己就要有所牺牲；别人得到了，自己就一定会失去。其实很多时候，帮助别人并不意味着自己吃亏，反而是在帮助自己，正如爱默生所说："人生最美丽的补偿之一，就是人们真诚地帮助别人之后，同时也帮助了自己。"

美国休斯可公司创建人比尔，以350美元起家，在短短10年内发展成拥有1000万美元资产的美国最大的皮鞋制造商。他之所以能站住脚，靠的就是多给别人方便。在创业初期，他深知自己财单力薄，不可能单凭个人的实力与同行业的大厂家竞争，必须联合外界的人力、物力、财力，要做到这一点，就必须以心换心。一次，休斯可公司生产的白鞋带、白扣的软皮鞋，在辛辛那提市失去了销路，零售商天天打电话要求退货，这可急坏了负责这一地区的批发商古佳伦，他连夜赶来找比尔商量对策。如果把货收回来，积压在家里，批发商将受到巨大的经济损失。比尔说："你的困难，就是我的困难。不管什么原因造成这种局面，我决不会让你受损失，你把白带白扣的皮鞋统统收回，送到我这里调换别的式样的鞋。"古佳伦感动地说："但也不能让你一个人吃亏呀！"比尔亲切地说："我们都是一家人，谁受损失都一样，这事理应由我来处理。"这件事传出以后，全国各地的批发商对比尔更加敬重了。发生在比尔身上类似的事举不胜举。批发商、零售商对比尔为他人着想的做法，以实际行动报答。他们不仅全力推销比尔公司生产的各式皮鞋，而且在比尔遭到灭顶之灾以后，自愿组织起来，帮助比尔渡过难关。

那年，河水决堤把比尔用贷款刚刚新建的现代化皮鞋厂的设备、材料、产品冲得几乎一干二净，这对比尔来说犹如晴天霹雳，他欲哭无泪，想到了死。在他万念俱灰的时候，比尔销售网中几个较大的批发商登门拜访，鼓励他"重整旗鼓"。可是，比尔连还债的钱都没有，哪还有资金兴建工厂。一位批发商爽快地说："你放心，只要你肯继续干下去，钱的事包在我们身上了。"另一位说："过去我们困难的时候，你帮助了我们，现在我们也决不能昧良心，袖手旁观。"5天后，那几位大批发商召开了来自全国各地几百位批发商的集资大会，仅仅两个小时，就凑齐了比尔重建新厂的资金，一星期后，比尔恢复了工厂生产。人非草木，孰能无情，比尔在别人困难的时候舍己为人，伸出援助之手，当他遭受灭顶之灾时，他得到了应有的回报。

你怎样对待别人，别人就会怎样对待你。这是人际交往中必须遵循的一条基本规律。从这一意义上说，帮助别人就是帮助自己，"送人玫瑰，手有余香"。

一位哲人说："一个不肯助人的人，他必然会在有生之年遭遇到大困难，并且大大伤害到其他人。"是的，每个人都不是独立地存在这个世界上的，每个人都会遇到困难，遇到自己解决不了的问题。这个时候，我们就需要向别人求助，如果我们能得到别人帮助，那么我们就会心存感激，希望他日自己也可以为别人做些事情。同样地，当我们帮助别人时，别人也会心存感激，希望他日伸出援助之手，帮助我们。

有家公司面向社会招聘一名经理，经过重重筛选后，5个应聘者终于从数百名竞争对手中脱颖而出，成为进入最后一轮面试的佼佼者。按照公司的规定，他们要在面试那天上午9点到达面试现场。他们不约而同地提前半个多小时就赶到现场。忽然，一个男青年急急忙忙地赶来了。他们纳闷地看着他，因为在前几轮面试中不曾见过这个人。他似乎感到有些尴尬，然后就主动迎上前开口自我介绍说，他也是前来参加面试的，只是由于太匆忙，忘记带钢笔了。他问他们几个是否有笔，想借来填写个人简历表。他们面面相觑，都想，本来竞争就够激烈了，还要"半路杀出一个程咬金"，岂不是会使竞争更加激烈吗？要是不借笔给他，那不就减少了一个竞争对手，从而加大了成功的可能？大家像有心灵感应似的你看着我我看着你，没有人出声，尽管每个人身上都带着多余的钢笔。终于，一直沉默寡言的"眼镜"走了过来，递过一支钢笔给他，并礼貌地说："我的钢笔不太好用，但还可以写字。"他接过笔，感激地握了握"眼镜"的手。其余的人则用白眼瞟了瞟"眼镜"，不同的眼神传递着相同的意思——埋怨、责怪，甚至愤怒。因为他们又增加了一个竞争对手。一转眼，规定的面试时间已经过去20分钟了，却不见任何动静。终于有人按捺不住了，就找到有关负责人询问情况。谁料里面走出来的却是那个似曾相识的面孔："结果已经出来了，这位先生被聘用了。作为一家追求上进的公司，我们不愿意失去任何一个人才。但是很遗憾，你们的私心使自己失去了机会！"

正所谓"行下春风，必有秋雨"，许多人活一辈子都不会想到，自己在帮助别人时，其实是帮助了自己。在日常生活中，许多偶然的事情，将会决定你未来的命运，而生活却从来不会说什么，但会用时间诠释这样一个真理：帮助别人，就是帮助自己。

事实上，我们总想从别人那里获取更多的东西，自己却吝啬哪怕一点点的付出。心理学家马斯洛指出，人都有爱与被爱的需要。我们更关注被爱和受尊重的感受，却往往忽视了爱与尊重他人的前提。其实，你主动去关照、帮助一下别人，你眼前的世界也许就会因此而改变。所以，我们要舍弃一些不必要的自我意识，帮助别人做一些力所能及的事情。记住：当我们搬开别人脚下的绊脚石时，也许恰恰是在为自己铺路。我们在帮助别人的时候，也就是在帮助我们自己。

价值百万的

9堂人生哲学课

第六课
掌控自己的命运，彪悍的人生不需要理由

　　古往今来，人们一直都在思考命运，关注命运，希望自己能够有一个好命运。但是，什么是命运？过去，我们一直都认为命运是天注定的，是不可改变的，每个人都只能服从，不可违背，不可逆天行事。其实，命运是个欺软怕硬的东西，如果你不想也不敢改变自己的命运，那么只能忍受命运的摆布与戏弄。但如果你奋力一搏，往往能让自己的命运改变，出现"柳暗花明"的景象。

切忌盲目模仿，时刻秉持自我

在这个世界上，我们每个人都独一无二的，有着无法取代的独特性，我们没必要盲目地模仿别人，而应时刻秉持自我本色，表现出最好的自己。

一个燕国的年轻人听说赵国邯郸人走路姿势异优美，便不远千里的来到邯郸学步。他跟在一个人后面，那人走一步，他走一步。就这样，学了好长时间也没有学会。

后来，他认为是自己原来的走路姿势在捣乱，便索性丢掉了原来的姿势，一步一步学。每走一步，就需要考虑两脚之间的距离，考虑身体怎样摆动更好看，考虑左手怎样摆动更好看，考虑右手怎样摆动更好看……考虑这些，考虑那些，考虑一大堆的问题。

就这样，他学了很长时间……不但没有学会邯郸人的走路方法，还把自己原来走路的方法忘了。最后，他只好爬着回到千里之外的燕国了。

模仿别人很容易毁了自己。其实，我们每个人都有各自的特点和长处，但却总是容易忽视自己的长处，而看到别人的长处。结果就像那个学邯郸人走路的燕国人一样，自己的长处得不到发挥，在模仿别人长处的过程中却付出了惨痛的代价。在现实生活中，也有很多这样的人。

盲从他人，过分仿效他人，都是对天赋的埋葬，是对意志的抹杀，对个性的泯灭。这正如齐白石先生所说："学我者生，似我者死。"走不出前人的框架，自然也就不会有自己的天地。成功没有固定的模式，一味地模仿不可能取得大的成就，甚至会失去自己本来的优势。

不要模仿他人，做最真实的自己。每一个人都应庆幸自己是世上独一无二的，应该将自己的禀赋发挥出来，而不是亦步亦趋地跟在别人身后，和别人跳进同一个圈子里，跳一样的舞蹈。在所有缺点中，最无可救药的就是失去自我，成为别人的复制品。

蜚声世界影坛的意大利著名电影明星索菲亚·罗兰能够成为令世人瞩目的超级影星，是和她对自己价值的肯定以及她的自信心分不开的。

为了生存，以及对电影事业的热爱，16岁的罗兰来到了罗马，想在这里涉足电影界。没想到，第一次试镜就失败了，所有的摄影师都说她够不上美人标准，都抱怨她的鼻子和臀部。没办法，导演卡洛·庞蒂只好把她叫到办公室，建议她把臀部削减一点儿，把鼻子缩短一点儿。一般情况下，许多演员都对导演言听计从。可是，小小年纪的罗兰却非常有勇气和主见，拒绝了对方的要求。她说："我当然懂得因为我的外形跟已经成名的那些女演员颇有不同，她们都相貌出众，五官端正，而我却不是这样。我的脸毛病太多，但这些毛病加在一起反而会更有魅力呢。如果我们的鼻子上有一个肿块，我会毫不犹豫把它除掉。但是，说我的鼻子太长，那是毫无道理的，因为我知道，鼻子是脸的主要部分，它使脸具有特点。我喜欢我的鼻子和脸的本来样子。说实在的，我的脸确实与众不同，但是我为什么要长得跟别人一样呢？"

"我要保持我的本色，我什么也不愿改变。我愿意保持我的本来面目。"

正是由于罗兰的坚持，使导演卡洛·庞蒂重新审视并真正认识了她，开始了解她并且欣赏她。

罗兰没有对摄影师的话言听计从，没有为迎合别人而放弃自己的个性，没有因为别人而丧失信心，所以她才得以在电影中充分展示她与众不同的美。而且，她的独特外貌和热情、开朗、奔放的气质开始得到人们的承认。后来，她主演的《两妇人》获得巨大成功，并因此而荣获奥斯卡最佳女演员金像奖。

每个人都是独立的自我，与其花过多的时间、精力去学习别人，不如找出自己的所能、所长去尽量发挥，所得到的一定比学习别人得到的多。丹麦哲学家基尔凯曾说过："一个人最糟的是不能成为自己，并且在身体与心灵中保持自我。"成功者走过的路，通常都不适合其他人跟着重新再走。在每个成功者的背后，都有自己独特的、不能为别人所仿效和重复的经历。与其一味地模仿别人，还不如充分利用自己的优势，让别人来羡慕你。保持自己的本色，在顺其自然中充分发展自己是最明智的做法。

每个人生来就是独一无二的，模仿别人便是扼杀自己。不论好坏，你都必须保持本色，自己的本色是自然界的一种奇迹，也是上苍给每个人最好的恩赐。记住，你就是你，永远不要活在别人的影子里，因为你不是别人的翻版。

暂时地依靠别人，不如长久地依靠自己

俗话说："在家靠父母，出门靠朋友。"这话的确有一定的道理。当你遇到困难的时候，朋友伸出援助之手，能够帮你解决一时之难，可这毕竟不是长久之计，因为别人能帮你一时，但帮不了你一世。依靠别人是暂时的，依靠自己才是永恒的。

人，真正能依靠的只有自己，只有用自己的力量克服困难、锻炼了顽强的意志，才能到达成功的彼岸。这既是人成熟的标志，也是每个成功者所具有的品质。

在一个森林里，有许多的小动物，其中最不起眼的就是那长着笨重的壳的蜗牛。有一天，小蜗牛问妈妈："为什么我们从出生起，就要背负着这个又笨又硬的壳？"妈妈说："因为我们的身体没有骨骼的支撑，只能爬，又爬不快，所以要有这个壳的保护！"小蜗牛说："那毛虫妹妹没有骨头，也爬不快，为什么她却不用背负这个又硬又笨的壳呢？"妈妈说："因为毛虫妹妹能变成蝴蝶，天空会保护她呀！""可是蚯蚓弟弟没有骨头，也爬不快，又变不成蝴蝶，那他为什么没有这个壳呢？"小蜗牛又问。"因为蚯蚓弟弟会钻土，大地会保护他呀！"小蜗牛伤心地哭了起来："我们好可怜，天空不保护我们，大地也不保护我们。"妈妈安慰他说："所以我们有壳呀，我们不靠天不靠地，我们靠我们自己！"

终于有一天，发生了大灾难，所有的蝴蝶都因为强风的袭来，折断了翅膀；所有的蚯蚓，都因为失去大地的保护，而被拦腰斩断。唯有蜗牛，依靠自己厚重的壳存活了下来。

英国经济学家亚当说过："掌握自己才能掌握一切。战胜自己才是最完美的胜利。"命运是由自己去把握的，而不是由谁去安排你的命运，只有你自己才是你人生的主人。过分依赖别人的人，不会有大的成就。与其一味地把希望寄托在别人身上，不如积极地行动起来，创造条件改变自己的命运，要知道自己的命运并不掌握在别人手里。

拿破仑时期，德国国王向法兰西帝国的军队屈膝投降，并承诺每年都向拿破仑进贡。这样沉重的经济负担转嫁到老百姓身上，令普通百姓的生活贫困不堪，他们更对政府的屈膝投降非常不满。

一天，德国国王带着随从们到汉堡一个很有名的教堂去游玩，神父阿兰诺跟随着他。国王在正殿里看到真主耶稣时马上恭恭敬敬地画十字，嘴里还念念有词，大概是说些希望主保佑之类的话。突然他发现耶稣的手也画成十字架的样子，觉得很奇怪。画十字是基督教教徒表达对主崇敬信仰的一种方式。国王问阿兰诺："耶稣就是主了，他也画十字吗？"阿兰诺回答道："怎么不画，他时时都在画呢。"国王觉得不可理解，又问："我们画十字是企求主保佑，他画十字念什么呢？"阿兰诺答道："他念'无处不在救苦救难的主'。"国王一听哈哈大笑，说："哪有自己念自己的道理呢？"阿兰诺说："这就叫'靠人不如靠己'呀。"国王一听就明白了，阿兰诺是在拐弯抹角地劝说自己，不要依附于强大的法兰西帝国，应该依靠自己的力量奋发图强啊。

上帝的力量是强大的，但上帝告诉我们，自己才是最强大的，靠人不如靠己，求人不如求己。一个人要想在社会上站稳脚跟，就必须以自立自强为核心，培养自我独立的精神。

教育家陶行知曾说过："滴自己的汗，吃自己的饭，自己的事自己干，靠天，靠地，靠祖宗，不算是好汉。"的确，人若想取得任何事业上的成功，都必须依靠自己的不懈努力。如果把自己的成功寄希望于别人身上，也许永远也品味不到成功的甘甜。

打好自己手中的牌

印度总理尼赫鲁曾经说过这样一句话："生活就像是玩扑克，发到的那手牌是定了的，但你的打法却取决于自己的意志。"人生如牌局。有时候，一副好牌，静下心打，也不一定会赢，一副烂牌，你只要有斗志，不见得会输。

在人生的旅途上，遇到各种各样的困难是在所难免的。面对困难，是想方设法战胜它，还是绕道走？勇敢者的选择只能是前者。因为只有勇敢地战胜困难，我们的人生才有意义，我们的事业才能成功。

日本独立公司是专为伤残人设计和生产服装而设立的，赢得消费者的好评。

这家公司的老板是一位叫木下纪子的妇女，过去她曾管理过两个室内装修公司，并且小有名气。可是，正当她在选定的道路上迅速发展的时候，不幸降临到她的头上，她突然中风，左半身瘫痪了，连吃饭穿衣都难以自理。当她从极度的痛苦中摆脱出来，清醒思考的时候，她问自己：这辈子难道就这样了结了吗？不！必须振作起来。穿衣服这件事虽然是个小事，却是每天都必须做的事情，可这对一个残疾人来说是多么难啊！难道就不能设计出一种残疾人容易穿的衣服吗？

一个新的念头突然而至，使她顿时兴奋起来。她忘记了自己的痛苦，甚至忘记了自己是一个左半身瘫痪的人。

木下纪子根据自己的设想加之以往的管理经验，办起了世界上第一家专门为伤残人设计和生产服装的服装公司——独立公司。"独立"这个词不仅向人们宣告残疾人的志愿和理想，同时也说出了木下纪子自己的心声：她要走一条独立自主的生活道路。

木下纪子按残疾人的特点及心理，设计出适合他们穿的服装。独立公司开张后生意日益兴隆，有时一个季度就可销售五万多美元的服装。由于她事业上的成功，在日本这个以竞争著称的国家，竟得到了不同行业的支持，木下纪子还准备把她的产品打入国际市场。她的这一计划不仅得到日本政府的支持，同时也得到了外国友人的帮助，她和一家美国同行组成了一个合资公司。

木下纪子为公司的发展呕心沥血，走过了漫长的路。她向一位来访者宣称：为残疾人生产产品固然重要，改变残疾人的形象更重要。尽管我们的身体残疾了，但我们的精神并没有残疾。我所做的就是想让人们看到残疾人不但生活得非常有朝气，而且也同样是生活中的强者。

在人生的道路上，我们会遇到种种困难，这仿佛都是上帝安排好的，但我们无须抱怨，因为上帝在关上一扇门的时候，往往同时打开一扇窗。所以，我们只有经过不断地努力，才能找到新的出口。如果缺少这些经历，就无法取得成功。

找准自己的优势，不要看轻自己

生活中，人们常用"一朵鲜花插在了牛粪上"来形容男女不般配，殊不知"插在牛粪上"比养在其他地方要幸运得多。因为牛粪有营养，适合鲜花的生长。所以，那些被形容成牛粪的人，不要瞧不起自己，其实你也有自身的价值。

有这样一对夫妻。男的是一个工薪族，没什么大本事，而且长相一般，但却偏偏娶到了一个貌美如花、贤良淑德的老婆。对此，周围的人都说一朵鲜花插在了牛粪上。不管是羡慕嫉妒恨也好，还是其他什么原因，嘴长在别人身上，他们夫妻俩依旧过自己的日子，而且过得很恩爱，生活中总能透露出令人羡慕的幸福。当有人问其原因的时候，女的总是含笑说道："人们都说，一朵鲜花插在了牛粪上。我并不这么认为，我就觉得牛粪很有营养，适合生长，不然我们的日子也不会过得这么幸福。虽然他没什么大本事，但他人老实，我不会为他的工作担惊受怕，也不会担心他找情人或是小三，这种安定的生活就是我想要的。"

是啊，牛粪又如何，牛粪很有营养，庄稼一枝花，全靠它当家。任何事物都有它存在的价值和意义，无论是人还是大自然中的一草一木！即使有人瞧不起你，认为你一无是处，可在一些欣赏你的人眼里，你却是无价之宝。所以，人要看清自己，不要看轻自己。

一位挑水夫，有两个水桶，分别吊在扁担的两头，其中一个水桶有裂缝，另一个则完好无缺。在每趟长途挑运之后，完好无缺的水桶，总是能将满满一桶水从溪边送到主人家中，但是有裂缝的水桶到达主人家时，却只剩下半桶水。

两年来，挑水夫就这样每天挑一桶半的水到主人家。当然，好桶对自己能够送满整桶水感到很自豪。而破桶呢，对于自己的缺陷则非常羞愧，它为只能负起一半的责任而感到非常难过。

饱尝了两年失败的苦楚，破桶终于忍不住，在小溪旁对挑水夫说："我很惭愧，必须向你道歉。""为什么呢？"挑水夫问道："你为什么觉得惭愧？""过去两年，因为从我这边一路的漏水，我只能送半桶水到你主人家，因为我的缺陷，使你做了全部的工作，却只收到一半的成果。"破桶说。挑水夫充满爱心地对破桶说："我们回到主人家的路上，我要你留意路旁盛开的花朵。"

果真，他们走在山坡上，破桶眼前一亮，看到缤纷的花朵开满路的一旁，沐浴在温暖的阳光之下，这景象使它开心了很多。但是，走到小路的尽头，它又难受了，因为一半的水又在路上漏掉了。破桶再次向挑水夫道歉。挑水夫温和地说："你有没有注意到小路两旁，只有你的那一边有花，好桶的那一边却没有开花呢？我明白你有缺陷，因此我善加利用，在你那边的路旁撒了花种，每当我从溪边挑水走过，你就替我一路浇了花。两年来，这些美丽的花朵装饰了主人的餐桌。如果你不是这个样子，主人的桌上也没有这么好看的花朵了！"

每个人都有自身存在的价值，我们不要妄自菲薄，只要恰到好处地利用自身的特点，就能充分发挥作用。即便只是一滴水，你也可以折射太阳的光芒；即便只是一粒沙，你也可以放大整个世界；即便只是一坨牛粪，你也是有营养的。所以，不要瞧不起自己，更无须羡慕他人。

然而生活中，不少人总是喜欢羡慕别人，其实，你要知道，在你羡慕别人的同时，别人也在羡慕你。因为当你看别人时，注意力往往集中在别人快乐的一面上，总觉得别人过得比自己好。其实，如果你能够发现并享受自身生活中美好的一面，你就会发现，只有做自己才是最好的，你自己才是最伟大、最重要的。

一个小老鼠从一间房子里爬出来，看到高悬在空中、放射着万丈光芒的太阳，它禁不住说："太阳公公，你真是太伟大了！"

太阳说："待会儿乌云姐姐出来，你就看不见我了。"

一会儿，乌云出来了，遮住了太阳。

小老鼠又对乌云说："乌云姐姐，你真是太伟大了，连太阳都被你遮住了。"

云却说："风姑娘一来，你就明白谁最伟大了。"

一阵狂风吹过，云消雾散，一片晴空。

小老鼠情不自禁道："风姑娘，你是世界上最伟大的了！"

风姑娘有些悲伤地说："你看前面那堵墙，我都吹不过去呀！"

小老鼠爬到墙边，十分景仰地说："墙大哥，你是世界上最伟大的了。"

墙皱皱眉，十分悲伤地说："你自己才是最伟大的呀，你看，我马上就要倒了，就是因为你的兄弟在我下面钻了好多的洞啦！"

果真，墙摇摇欲坠，墙角上跑出了一只只的小老鼠。

世间有许多强大的事物，也有许多弱小的事物。但强者也有强大的柔弱，弱者自有弱小的坚强。它们共处在同一个世界，各自都有自己的能耐和本领。所以，再弱小也不要轻视自己。如果你能意识到"我很重要"、"我很伟大"，并以这种心态对待一切，你的生活将变得更加美好。

信念是力量之源

有这样一个故事：

有一年，一支法国探险队进入撒哈拉沙漠的某个地区，在茫茫的沙海里跋涉。阳光下，漫天飞舞的风沙像炒红的铁砂一般，扑打着探险队员的面孔。大家口渴似炙，心急如焚——准备的水都没了。这时，探险队长拿出一只水壶，说："这里还有一壶水，但穿越沙漠前，谁也不能喝。"

一壶水，成了大家穿越沙漠的信念之源，求生的寄托目标。水壶在队员手中传递，那沉甸甸的感觉使队员们濒临绝望的脸上，又露出了坚定的神色。终于，探险队顽强地走出了沙漠，挣脱了死神之手。大家喜极而泣，用颤抖的手拧开那壶支撑他们的精神之水——缓缓流出来的，却是满满的一壶沙子！

炎炎烈日下，茫茫沙漠里，真正救了他们的，又哪里是那一壶沙子呢？他们执着的信念，已经如同一粒种子，在他们心底生根发芽，最终领着他们走出了绝境。

信念代表着一种希望，像一颗种子，一颗生命的种子。只要心中有信念，一切都会充满希望，失去信念，人生也将失去意义。

人生从来没有真正的绝境。无论遭受多少艰辛，无论经历多少苦难，只要一个人的心中还怀着一粒信念的种子，那么总有一天，他就能走出困境，让生命重新开花结果。人生就是这样，只要种子还在，希望就在。

罗杰·罗尔斯是美国纽约州历史上第一位黑人州长。他出生在纽约声名狼藉的大沙头贫民窟。那里环境肮脏，充满暴力，是偷渡者和流浪汉的聚集地。在那儿出生的孩子，耳濡目染，他们从小逃学、打架、偷窃甚至吸毒，长大后很少有人从事体面的职业。然而，罗杰·罗尔斯是个例外，他不仅考入了大学，而且成了州长。

在记者招待会上，一位记者对他提问："是什么把你推向州长宝座的？"面对三百多名记者，罗尔斯对自己的奋斗史只字未提，只谈到了他上小学时的校长——皮尔·保罗。

1961年，皮尔·保罗被聘为诺必塔小学的董事兼校长。当时正是美国嬉皮士流行的时代，他走进大沙头诺必塔小学的时候，发现这儿的穷孩子比"迷惘的一代"还要无所事事。他们不与老师合作、旷课、斗殴，甚至砸烂教室的黑板。皮尔·保罗想了很多办法来引导他们，可是没有奏效。后来他发现这些孩子都很迷信，于是他在上课的时候就多了一项内容——给学生看手相。他用这个办法来鼓励学生。

当罗尔斯从窗台上跳下，伸着小手走向讲台时，皮尔·保罗说："我一看你修长的小拇指就知道，将来你是纽约州的州长。"当时，罗尔斯大吃一惊，因为长这么大，只有他奶奶让他振奋过一次，说他可以成为5吨重的小船的船长。这一次，皮尔·保罗先生竟说他可以成为纽约州的州长，着实出乎他的预料。他记下了这句话，并且相信了它。 从那天起，"纽约州州长"就像一面旗帜，罗尔斯的衣服不再沾满泥土，说话时也不再夹杂污言秽语。他开始挺直腰杆走路，在以后的四十多年间，他没有一天不按州长的标准要求自己。51岁那年，他终于成了州长。

在就职演说中，罗尔斯说："信念值多少钱？信念是不值钱的，它有时甚至是一个善意的欺骗，然而你一旦坚持下去，它就会迅速增值。"

信念是一个人所坚信正确并为之奋斗的目标。我们应该拥有坚定的信念，相信自己总有一天会走向成功，因为我们每天都在为了目标的实现而坚持不懈地努力奋斗。坚定的信念可以帮助我们克服重重困难，跨过种种阻碍，坚定的信念可以促使我们付出积极努力的行动。如果一个人对成功的信念不够坚定，那么他就会在充满困难和阻碍的现实面前缩手缩脚，很难到达成功的彼岸。

人生可以没有很多东西，却唯独不能没有信念。信念是人类生活中一项重要的精神力量。正如有希望的地方，生命永远生生不息。

信念是一切成功和奇迹的源泉。如果我们在做任何事之前，没能树立起一个坚定的信念，只是一味地采取消极的态度，告诉自己这也无法实现那也不可能做到，恐怕我们的人生也就这样失败了。

信念就是支撑我们生命的精神力量，带给人们无限的希望。有了坚定的信念，就能精神振奋、克服困难，甚至生命受到威胁，也不轻易放弃。

即使是失败者，也要有自己的梦想

梦想是人生的一部分，有梦想的人生，才是完整的人生。斯蒂芬·霍金曾说："如果一个人没有梦想，无异于死掉。因为我有梦想，所以我活着！"梦想具有神奇的能力，人一旦有了梦想，即使前方充满艰难险阻，也无法阻挡他前进的脚步。

英国教师布罗迪在乔迁新居时，找出了一沓练习册，那是他教过的孩子们写的作文，名字是：《未来我是……》。

布罗迪顾不得搬家了，随手翻看了起来，很快便被孩子们的奇思妙想迷住了。比如，有个孩子说自己是未来的海军大臣，因为他在游泳时不小心喝了许多海水却没淹死。另一个说，他长大后肯定能当上法国总统，因为他知道很多法国城市叫什么名字。最了不起的是一个叫戴维的小盲童，他竟异想天开地说自己将来肯定是英国的内阁大臣，理由是到目前为止还没有一个盲人进入英国内阁。总之，每个孩子都在习作中说出了自己的梦想。

布罗迪看着这些作文，突然决定他要把这些作文本重新发到学生手中，让他们看看自己童年时的美好愿望是否实现了。

此时，布罗迪老师手里仅剩下一本作文本没人要。也许这个孩子早就去世了。毕竟已经过去半个世纪了，这么漫长的时间里曾发生过多少意想不到的事啊。

当布罗迪老师决定把这个没人要的作文本送给一个收藏馆时，意外收到了教育大臣的一封信，信中说："您还记得那个叫戴维的孩子吗？那就是我，万分感谢您还为我们保存着那份天真的梦想。我已经忘记那个记录着梦想的本子了，因为梦想从那时起就一直在我脑子里成长，生根发芽，开花结果。半个世纪过去了，我已经做到了我说过的话。"

可见，梦想是藏在心灵深处的最大的渴望，是成就事业的原动力，梦想能激发一个人的巨大潜能。梦想是人的一种生活状态，它可以让人展现出无限的激情，这种激情又可以让人创造出无法想象的奇迹。所以，人要有梦想。无论你的梦想有多遥远，只要你认识到它对你的重要性，每天为之而努力，你就会离它越来越近。即便有些梦想不能实现，但它会像一盏明灯指引着你的人生方向。

只要你是一名喜欢篮球运动的爱好者，相信你一定认识蒂尼·博格斯。这个身高只有1.6米，就是在常人的眼里也是个标准的"矮子"，更不要说在身高两米都算矮的NBA（美国国家篮球协会）赛场了。然而，就是这位NBA赛场里最矮的运动员，却表现得比那些"大个子"还杰出，蒂尼·博格斯是NBA赛场上失误最少的球员，不仅球技优秀，甚至面对比自己高许多的"大个子"带球上篮也脚下带风，"矮子强盗"的美誉就是这么得来的。

当然，博格斯不是什么篮球天才，他能取得如此优秀的成就，靠的就是驰骋体育赛场的梦想。尽管博格斯从小就比同龄的孩子矮小许多，但他对篮球的狂热到了痴迷的程度，与小伙伴们在篮球场上拼杀一番是他最大的享受。这完全是因为他心中埋藏着一个远大的梦想——进入NBA，因为NBA是所有喜欢篮球的少年的梦。当博格斯向自己的同伴谈起"我长大后要打NBA"这个美梦时，同伴们听后都会忍不住哈哈大笑："哎哟，笑死我了，像你这样的矮子是绝无可能进入NBA的，因为NBA的球员身高最矮都是2米以上，你才多高？"

冷嘲热讽并没有使博格斯那个远大的梦想破灭。为了心中的这份梦想，他付出了超过别人想象的努力去练球，并最终成为NBA球员，成为最佳控球后卫，也成了篮球明星。博格斯说，从前瞧不起他的同伴，现在却逢人就炫耀："小时候，我是和博格斯一起打球的。"的确，要是博格斯因为同伴的讽刺而失去自己的信心，放弃这份美好的梦想，就不会有叱咤NBA赛场的光荣了。

所以，有梦想的人总会创造出伟大的奇迹。梦想在不断地改变着世界，但有些人随着年龄的成长却逐渐地失去了曾有的梦想。或许你会说现实太残酷，或许你会说梦想太遥远，或许你会说自己能力不够……有太多的或许，但这些都不是你放弃梦想的理由。

记住，没有梦想的人生是可悲的。梦想如同一张风帆，给人生的小舟注入前进的动力；梦想如同一盏明灯，给人生指明前进的方向。我们要用梦想去构筑生活，然后再从一个梦想中站起来进入人生的另一个梦想，在不断地对梦想的追逐中完善自己的人生。

生活中，我们每一个人都应该有一个梦想。如果没有，请尽快寻找你的梦想吧。如果有梦想，那快朝着你梦想的方向行进吧。

你缺少的不是体力，而是毅力

俗话说："能登上金字塔的只有两种生命：雄鹰和蜗牛。"雄鹰是靠飞行，很容易就上去了，而蜗牛是靠毅力一点一点爬上去的。

毅力是人的一种心理忍耐力，是一个人完成学习、工作、事业所需要的持久力。当它与人的期望、目标结合起来后，就会发挥巨大的作用。要实现远大的理想，就必须增强你的毅力。没有毅力，理想就无法实现，没有理想，毅力就无从产生，这两者是相互依存的。

历史上但凡有成就的人，无不在事业上具有顽强的毅力，一步一个脚印，踏踏实实，向着既定的目标义无反顾地迈进，从而成就美好的理想。著名音乐家贝多芬双耳失聪，可是他不但没有向命运低头，而且用心灵谱写了一首又一首美妙的乐曲。伟大的发明大王爱迪生在一次实验中失聪，但他并没有因此而自暴自弃，而是凭着惊人的毅力创造了奇迹，为人类的发展做出了巨大的贡献。

被拒绝了1000次之后，还敢第1001次去敲门的席维斯·史泰龙也是靠坚定的毅力走向成功的。他在未成名之时，身上只有100美元和一部根据自己生活写成的剧本《洛奇》。于是他挨家挨户地拜访了好莱坞的所有电影制片公司，寻求演出的机会。当时好莱坞总共有500家制片公司，史泰龙逐一拜访过，可没有任何一家公司愿意录用他。史泰龙面对500次冷酷的拒绝，他毫不灰心，回过头来，又从第一家开始，挨家挨户地自我推荐。第二轮拜访，好莱坞的500家公司，仍然没有一家肯录用他。史泰龙没有放弃希望，他坚信"没有所谓的失败，只是暂时不成功而已"。他把1000次的拒绝，当作是绝佳的经验。接着他又鼓励自己从第1001次开始。后来又经过多次上门求职，总共经历了1855次严酷的拒绝，他的毅力终于感动了"胜利女神"——"我不忍心再看你拼命了，你耗尽了多少汗水，我就给你多少喜悦吧！"终于有一家电影制片公司同意采用了他的剧本，并聘请他担任剧本中的男主角。

史泰龙的希望兑现了，电影《洛奇》一炮打响，他成了超级巨星，美国新一代的英雄偶像。

史泰龙的事例告诉我们，成功需要顽强的毅力，具有顽强的毅力就等于向成功迈进了一大步。

一位名人曾经说过："顽强的毅力可以征服世界上任何一座高峰。"是的，只有那些勤奋刻苦，持之以恒，拥有毅力的人才会获得最后的成功。只要我们具有顽强的毅力，再高的山也能攀登，再汹涌的海也能渡过，再艰巨的任务也能完成。

居里夫人出生在波兰一个贫困家庭，家境的贫穷，造就出她吃苦耐劳、好学不倦的品质。她从小就具有一种面对困难不退缩，坚持到底不动摇的坚强意志。在巴黎求学时，居里夫人租了一间小小的阁楼，那里没有电灯，没有水，没有烤火的煤。每天夜里，她只能到图书馆去看书。冬天的晚上，她把所有的衣服都穿上睡觉还冻得瑟瑟发抖，她经常一连几个星期只吃面包和水。在这样的环境里，居里夫人坚持学习了4年，终于获得了物理学和数学硕士学位。

1895年，居里夫人与法国物理学家比埃尔·居里结婚。从此，两人走上了同甘共苦攀登科学高峰的道路。当时，他们的生活仍然十分贫困，为了寻找一种能透过不透明物体的射线，只得借了一个旧木棚充当实验室。实验室里既潮湿又黑暗，下雨天还会漏雨。为了节省开支，他们从很远的地方买来价格便宜的沥青、矿渣做原料，靠着几件简陋的设备，开始了繁重的提炼工作。居里夫人每天穿着布满灰尘和油渍的工作服，把矿渣倒进大锅里烧，用一根一人高的木棍不停地搅拌，还要经常将20多千克重的容器搬来搬去……提炼工作经历了无数次的失败，但她没有被困难吓倒。整整坚持了4年，终于从好几吨的矿渣里提炼出0.1克镭的化合物—氯化镭，它具有极大的放射性。这一发现轰动了全世界。1903年，居里夫人和她的丈夫双双获得了诺贝尔奖。

正当居里夫人一家的工作、生活条件有所改善时，不幸的事发生了，1906年4月19日，比埃尔·居里死于一场车祸。居里夫人失去了亲爱的丈夫和最好的导师，她悲痛极了。但她没有消沉，而是挺起胸膛，继续进行科学研究。1910年，居里夫人提炼出1克纯镭。她将这1克镭捐献给法国镭学研究院，用于治疗癌症病人。1911年，居里夫人再次获得诺贝尔奖。

居里夫人就是这样以顽强的毅力，克服了重重困难，坚持科学研究几十年，终于发现了放射性元素镭和钋，成为世界著名的科学家。

古人曰："锲而舍之，朽木不折；锲而不舍，金石可镂。"顽强的毅力是取得成功的最好秘诀，没有顽强毅力的人将一事无成。

毅力能够决定我们在面对困难、失败、诱惑时的态度，看看我们是倒了下去还是屹立不动。如果你想重振事业、如果你想把任何事做到底，单单靠着一时的热情是不行的，你一定得具备毅力方能成事，因为那是你产生行动的动力源泉，能帮你达到任何想追求的目标。具备毅力的人，他的行动必然前后一致，不达目标绝不罢休。

在人生的道路上，总会出现许多的坎坷和不平，当我们遇到困难和挫折的时候，我们要用毅力和智慧去征服它，只有这样，才能顺利地到达成功的彼岸。

经营自己的长处，使你的人生增值

人生收获成功的诀窍在于经营自己的长处，找到发挥自己优势的最佳方法。我们每个人都有自己天生的优势，也有自己天生的劣势。关键是看我们是否善于发现自己的优势并有效地经营自己的优势。

一个人能否成功，在很大程度上取决于自己能不能扬长避短，善于经营自己的长处。富兰克林说得好："宝贝放错了地方便是废物。"如果一个人不是经营自己的长处，而是扬短避长，过高或过低地估量自己，那么，他的人生之路将是非常崎岖和艰难的，他可能终生劳碌但永远不会成功；相反，若善于发挥自己的优势，经营自己的长处，就可能很快驶入事业的快车道，创造出丰富多彩的人生。

马克·吐温作为职业作家和演说家，可谓名扬四海，取得了极大的成功。你也许不知道，马克·吐温在试图成为一名商人时却栽了跟头，吃尽苦头。

马克·吐温投资开发打字机，最后赔掉了5万美元，一无所获；马克·吐温看见出版商因为发行他的作品赚了大钱，心里很不服气，也想发这笔财，于是他开办了一家出版公司。然而，经商与写作毕竟风马牛不相及，马克·吐温很快陷入了困境，这次短暂的商业经历以出版公司破产倒闭而告终，作家本人也陷入了债务危机。

　　经过两次打击，马克·吐温终于认识到自己毫无商业才能，于是断了经商的念头，开始在全国巡回演说。这回，风趣幽默、才思敏捷的马克·吐温完全没有了商场中的狼狈，重新找回了感觉。最终，马克·吐温靠工作与演讲还清了所有债务。

　　可见，正确经营自己的长处，你才能更准确地发现自己的最佳才能，找到成功的捷径。现实生活中，每个人对自己的人生道路，对自己的优势都应该进行一番设计，保持理性的头脑，认清正确的方向，加以精心培养，就可以少走弯路，事半功倍，早日成功。在人生的路上，只要善于发掘和利用自己的优势，就会成为一个成功人士。

　　嘉芙莲女士原是美国俄亥俄州的一名电话接线员，天赋以及长期的职业锻炼，使得她口齿伶俐、声音柔和动听，加上态度热诚，在当地很有口碑，受到用户的普遍赞赏。嘉芙莲是个胸怀创业大志的人，她不想一辈子就当一个普普通通的电话接线员，她要当老板，要开创自己的事业。她知道商场如战场，任何不着边际的空想都只能是画饼充饥，一定要从自己的实际情况出发，寻找自己所长与社会所需的结合点，从这里起步干出自己的一番事业。从这种观念出发，她回头审视自己的生活，主意就来了：利用自己的天赋条件成立一家电话道歉公司，专门代人道歉。后来的事情可想而知，嘉芙莲女士不但拥有了自己的公司，而且还成了商业界的一位成功人士。

　　从嘉芙莲女士的成功中我们不难发现，善用自己的长处是多么明智的选择。在人生的坐标系里，一个人如果不能保持理性，站错了位置，用他的短处而不是长处来谋生的话，那是非常不明智的，他可能会在永久的卑微和失意中沉沦。

"尺有所短，寸有所长"，每个人都有自己的长处，同时又都有自己的不足或弱势，如果你能经营自己的长处，就会给生命增值；反之，如果你经营自己的短处，那会使你的人生贬值。所以，只要你善于发掘自己的潜力，发挥自己的优势，经营自己的长处，就能找到自己的发展道路，创造美好的人生。

把学习当作一项终身事业

在网络上，曾一度流行着"开心农场"这个游戏。很多人沉迷于此游戏中，他们每天的很多时间都被种菜、收菜、偷菜占据。什么时间种什么菜不会被偷，种什么菜最赚钱，别人家的菜什么时候熟，是他们每天想得最多的事情。有些人每天早晨一起床，第一件事就是上网看看菜熟了没有，然后去别人家的菜地溜达一圈。偷到了就高兴，被偷了或者没偷到别人的就觉得一天不舒服。为了收菜，有些人牺牲了睡觉的时间，晚上12点多了，还睁着大眼睛，等着菜的成熟时间。甚至还有些人，在工作或学习的时候，突然想到菜地里的作物成熟了，便急忙放下手中的事情，冲到电脑旁。

这种嗜好虽然在某种程度上满足了人们的好奇心和某种心理需求，但实际上却极大地浪费了时间，且影响正常的学习和工作。所以，与其花费大量的时间在网络农场里收菜，获得虚拟等级的殊荣；不如在现实生活中利用时间不断充实自己，获得个人价值的提高。

某软件公司新来了两名大学生，一个叫齐磊，学数学的；一个叫顾刚，学计算机的。刚进公司的时候，由于顾刚专业的优势，他如鱼得水，获得不少展示才华的机会，接连在好几个项目中出彩，一时颇为得意。

一年多来，他一直以自己的专业文凭为荣，总觉得自己是"科班出身"，受过专业系统训练，别人是根本竞争不过他的。于是，他躺在功劳簿上吃起了老本。平时上班一有机会就偷闲玩游戏，上网聊天，对于更深层次的软件开发研究，他没有丝毫涉猎，整天在自己营造的轻松氛围中度过，至今仍是个普通的程序员。而外行的齐磊却成了软件分析师。原因是什么呢？因为齐磊知道自己是学数学的，对计算机只是略知一二，所以就决定从头学起，从认识键盘到安装制作软件，结合教材系统，扎实地对自己进行补充，不但工作时间不溜号，而且经常早起晚归，抓住每一分时间学习。

在熟练掌握软件开发之后，齐磊并没有放松，而是把自己的长处充分地利用起来，在大型软件的算法上下功夫，以严密的数学思维为基础编写程序。同时，也时刻关注软件开发的最新动向，并为此订阅了大量的报刊，吸收先进的东西，然后再结合现实开发新软件。就是这样不断地充电，齐磊现在已经从外行变成了内行。

社会竞争日趋剧烈，生活情形日益复杂，你必须具备充分的学识，接受充分的教育训练，来应对社会生活的变化。如果你满足现状，不思进取，那么，你就不能使自己的前途向更好的方向发展。

学习是永无止境的，我们要树立终身学习的理念。正如人们常说的：你永远不能休息，否则，你就永远休息。所以，我们只有不断学习，提高自己的实际能力，实现自我增值，才能适应不断变化的环境，拥有成功的人生。

纽约一家公司因为经营不善被法国一家公司兼并了。在签订兼并合同的当天，公司新任总裁宣布："我们不会因为兼并而随意裁员，但如果你的法语太差，无法和其他员工交流，那么我们不得不请你离开。这个周末我们将进行一次法语考试，只有考试及格的人才能继续在这里工作。"

听到这个消息，几乎所有的员工都涌向图书馆，只有一个员工像平时一样直接回家了，其他人都认为他肯定不想要这份待遇丰厚的工作了。但是结果却令所有人都跌破了眼镜，这个被大家公认为最没有希望的人却考了最高分。

原来，这位员工在刚来到这家公司后，就已经认识到自己身上有许多不足。从那时起，他就开始有意识地提高自身的能力。工作闲暇时，同事们都上网聊天、打游戏或是看视频，只有他将时间用在熟悉公司所有部门的业务上，并谦虚地向同人请教问题，很快就熟悉了整个工作流程。更难能可贵的是，作为一个销售部的普通员工，他还时常向技术部和产品开发部的同事们学习相关的技术知识，所以他每次都能对客户的问题对答如流。

在工作中，他还发现公司的客户多半来自法国，于是在工作之余开始刻苦地学习法语。当同事都在请公司的翻译帮忙翻译与客户的往来邮件与合同文本时，他已经能够自行解决这些问题了。

职场的竞争是工作能力的竞争、知识与专业技能的竞争，一个人只有善于学习，他的前途才会一片光明。所以，学习应当成为每一个人的终身目标。无论你在职业生涯的哪个阶段，学习的脚步都不能停歇。与其将宝贵的时间浪费在上网玩游戏上，不如将大量的时间和精力放在学习上，只有那些随时充实自己，为自己奠定雄厚知识基础的人才能在激烈竞争的环境生存下去。

价值百万的

9堂人生哲学课

第七课
不断完善自己，活出精彩独特的人生

　　人生是在不断修炼自己的同时，逐步完善自己的一种过程。稻盛和夫曾说：人生的整个过程就像磨刀，生存的目的和价值就在于努力不懈地付出、脚踏实地地行动、兢兢业业地求道，以提升心性，修养精神，使自己能够带着比出生时更高层次的灵魂离开人世。的确，如果你要想活得精彩，不愧对自己的人生，就要看清自己的不足，不断蜕变，并努力去做，最后才能活出精彩独特的人生。

我们无法控制别人，请先控制好自己

人们常说"冲动是魔鬼"。的确，一时冲动的愤怒使人心中充满恶意、伤害。在日常工作中，许多人都会因情绪冲动而做出令自己后悔不已的事情。因为不可抑制的愤怒，会使人失去解决问题和冲突的良好机会，而且，一时冲动的愤怒，可能意味着事过之后要付出高昂的代价来弥补，或者无法弥补。因为我们在愤怒时，往往不会顾及别人的尊严，并且严重地伤害了别人的面子，与他人造成冲突。

曾有一个情绪容易冲动的小工厂老板，有一次他发现手下一名员工偷拿厂里的货到外面去卖，他大发雷霆，一气之下一巴掌打过去，正打在那名员工的耳朵上，结果那名员工被他打聋了。本来责任在员工而不在他，现在反过来了，经过打官司，这个老板赔偿了被打员工30多万才算了事。他的工厂本来就不大，效益也不高，赔钱之后没过多久就因资金周转不开而破产了。尽管这个老板事后后悔不迭，但已无济于事。

可见，愤怒常常使人丧失理智，做出不计后果的行为，最终使自己深受其害。因此，在日常生活中，当你被激怒时，千万不要轻易发火。谁若轻易地做了怒气的俘虏，谁的生活就会倾斜，谁就可能成为愚蠢与后悔的人。

在拿破仑·希尔事业生涯的初期，他也曾受到愤怒情绪的困扰。

一天晚上，拿破仑·希尔在办公室准备一篇演讲稿，当他刚刚在书桌前坐好

时，电灯熄灭了。这种情形已连续发生了几次。

拿破仑·希尔立刻跳起来，奔向大楼地下室，去找大楼的管理员。当他到达时，发现管理员正在忙着把煤炭一铲一铲地送进锅炉里，同时一面吹着口哨，仿佛什么事情都没有发生。

拿破仑·希尔立刻对他破口大骂。他用比火更热辣的词来痛骂管理员，直到他再也找不出更多骂人的词句，只好放慢了速度。这时候，管理员直起身体，转过头来，脸上露出开朗的微笑，并以一种充满镇静与自制的柔和声调说道："呀！你今天有点儿激动，不是吗？"管理员的话如同一把锐利的匕首刺进了拿破仑·希尔的身体。站在拿破仑面前的是一位文盲，但他却在这场"战斗"中打败了拿破仑。更何况这场"战斗"的场合以及武器，都是拿破仑自己挑选的。拿破仑·希尔的良心受到了谴责。他知道，他不仅被打败了，而且更糟糕的是，他是主动的一方，又是错误的一方，这一切只会更增加他的羞辱。

拿破仑·希尔转过身子，以最快的速度回到办公室。当他把这件事情反省了一遍之后，他立即认识到了自己的错误。经过一番思考后，他知道自己必须向那个人道歉。于是，他找到那位管理员并做了诚恳的道歉。最终，两个人的冲突解决了。

从这以后，拿破仑·希尔下定决心，以后绝不再失去自制。因为当一个人不能控制自己的情绪时，不管对方是谁，都能轻易地将自己打败。

看来，学会有效管理和调控自己的情绪，是一个人走向成熟、迈向成功的重要基础。我们要学会驾驭情绪，做自己情绪的主人。每当发脾气，或处于愤怒的情绪中时，我们应该分析所有使自己愤怒的原因，然后避免使自己暴露于那些痛苦之下，采取一些积极有效的措施来控制自己的情绪。

下面是消除愤怒情绪的一些具体方法：

（1）请可信赖的人帮助你。让他们每当看见你动怒的时候，便提醒你。你接到信号之后，可以想想看你在干什么，然后努力消除愤怒的情绪。

（2）当你愤怒时，首先冷静地思考，提醒自己：不能因为过去一直消极地看待事物，现在也如此，保持自我意识是至关重要的。

（3）主动控制。主要是用自己的道德修养、意志缓解和降低愤怒的情绪。有人在要发泄怒气时，心中默念："不要发火，息怒、息怒"，就会收到一定效果。

（4）当你要动怒时，花几秒钟冷静地思考一下你的感觉和对方的感觉，以此来消气。最初10秒钟是至关重要的，假如你能够熬过这10秒钟，愤怒便会逐渐消失。

（5）改变自己的心态。愤怒通常是虚荣心强、心胸狭窄、感情脆弱、盛气凌人所致，对此，可以用疏导的方法将烦恼与怒气引导到积极的追求上，以此激励起发奋的行动，达到将愤怒转化的目的。

学会控制自己的情绪，对于每个人而言都是相当重要的，它是我们成功的前提，更是我们身心健康的保证。做自己情绪的主人，不仅让你重新获得主导权，而且会使你发现，掌控自己的情绪以后，所有的难题都能够轻松驾驭了。

充满自信的缺陷，远比缺乏自信的美更富有魅力

自信是一个人走向成功的非常重要的心理素质。但凡成功人士，都有着自信与积极的人生态度。他们始终以饱满的激情、强烈的自信心和积极的人生态度，去坦然地面对困难，并善于克服困难。

莎士比亚曾说："自信是走向成功的第一步，缺少自信即是失败的原因。"爱默生说："自信是成功的第一秘诀。"一个人只有心里充满必胜的信念，对自己所从事的事业坚信不疑，他才可能迈出坚定的步伐，产生克服困难的勇气和力量，想出解决问题的方法和对策，赢得他人的信赖和支持，最后才能到达为之奋

斗的终点。

一个人拥有了自信，便获得了感染、影响他人的人格力量。自信的人一般都比较善于表现自己，善于表现自己的人能够通过自己适当的表现而获得周围人的认可。

美国IBM（国际商业机器公司）公司曾举行过一场大型的招聘会，招聘现场云集了众多的行业精英，每个岗位前都排着长长的队伍。一个美国小伙儿看着自己前面排着的众多应聘者，他深吸一口气，鼓足勇气来到队伍的最前面，他站在面试官的面前说："请您在面试到我之前不要轻易地做决定，否则您会让公司失去一个难得的人才。"说完后，他又站回到自己在队伍中的位置。面试官先是一愣，随后饶有兴趣地等待着这个大胆的小伙子的表现。漫长的等待过后，小伙子终于站在了面试官的面前，他面对面试官侃侃而谈，他的一言一行都充满了自信。最后的结果是这个小伙子从众多应聘者中脱颖而出，正式成为IBM公司的一员。是他的自信征服了面试官，为自己赢得了最终的胜利。

自信是一种感觉，拥有这种感觉，人们才能怀着坚定的信心和希望，开始伟大而光荣的事业。自信的人，并不是处处比别人强的人，而是对事有把握，知道自己的存在有价值，知道自己对环境有影响力。他具有较强的自我管理能力，懂得如何安排自己的优势和弱势，而且在自信的心态下，他的优势更容易激发出来。

自信对成功来说尤其重要，是人们事业成功的阶梯和不断前进的动力，同时自信又是积极向上的产物，也是积极向上的力量。在许多伟人身上，我们都可以看到超凡的自信心。正是在这种自信心的驱动下，他们敢于对自己提出更高的要求，并在失败中看到成功的希望，鼓励自己不断努力，从而获得最终的成功。

美国总统罗斯福，当他还是参议员时，潇洒英俊，才华横溢，深受人们爱戴。有一天，罗斯福在加勒比海度假，游泳时突然感到腿部麻痹，动弹不得，幸亏旁边的人发现和施救及时才避免了一场悲剧的发生。经过医生的诊断，罗斯福被证实患上了"腿部麻痹症"。医生对他说："你可能会丧失行走的能力。"罗斯福并没有被医生的话吓倒，反而笑呵呵地对医生说："我还要走路，而且我还要走进白宫。"

第一次竞选总统时，罗斯福对助选员说："你们布置一个大讲台，我要让所有的选民看到我这个患麻痹症的人也可以'走到前面'演讲，不需要任何拐杖。"当天，他穿着笔挺的西装，脸上充满自信，从后台走上演讲台。他每一次迈步都让每个美国人深深感受到他的意志和十足的信心。后来，罗斯福成为美国历史上唯一一个连任4届的伟大总统。

自信体现了一个人的人格魅力。自信的人，言谈举止中所流露和表达出的是一种激情，是一种催人奋进的豪迈之情，是一种无形的力量，这种力量能使人坚定沉着、冷静果敢。同时，一个人的自信也会感染他人，吸引他人的注意力，还会对自身事业的发展有着巨大的推动作用。

英国保守党领袖伊恩·邓肯·史密斯在竞选时，因为缺乏自信而落选。2002年9月，在接受英国广播公司电视台记者采访时，伊恩·邓肯·史密斯面色茫然、腼腆、毫无生机，他有气无力地用贫乏的语调攻击托尼·布莱尔首相及其政党的政策。记者问道："你认为自己能出任下一届首相吗？"他犹豫了一下，目光游离，语气不坚定地说："是的，我可以，但我需要努力争取。"几分钟之后，电视台出现观众表示不满的电子邮件及电话录音："他自己都不相信自己能成为首相，让我们如何相信他可以做我们的首相？""他看起来根本就不像个英国首相！""难道保守党再找不到别人做领导者吗？"

缺乏自信是一件很可怕的事，它会让你丧失许多成功的机会。很多时候，我们总是不敢相信自己，总是认为别人比我们要强很多，一件事情要得到别人的肯定才是正确的。其实这又何必呢？你自己本身就是一座金光闪闪的金矿！只要你相信自己，给自己信心，认为自己是最好的，你就能够创造出非凡的成绩。一位心理学家说过："相信自己美的人会越来越美。"因为相信自己美，就会大大方方地从事各种活动，在活动中展示自身的特长；相信自己美，就会心情愉快、活得潇洒。笑脸比哭脸美，自信的人比自卑的人有魅力。

自信是对自己能力的一种肯定，能为我们带来成功，带来胜利，同时也向外界展示自己的优势与能力。如果你对自己没有信心，那么你将永远无法到达成功的彼岸。

懒惰比操劳更消耗身体

懒惰是一种好逸恶劳，不思进取，缺少责任心，缺乏时间观念的心理表现。如果我们要想有所成就，过健康向上的生活，那就一定要克服懒惰的坏习惯。

有人问寺院里的大师："为什么念佛时要敲木鱼？"

大师说："名为敲鱼，实为敲人。"

"为什么不敲鸡呀，羊呀？偏偏敲鱼呢？"

大师笑着说："鱼儿是世间最勤快的动物，整日睁着眼，四处游动。这么至勤的鱼儿都要时时敲打，何况懒惰的人呢！"

懒惰是走向成功道路的最大绊脚石。如果一个人采取懒惰拖延的态度，那么他永远都不会取得任何成绩。

在一个池塘里生活着两只青蛙，一绿一黄。绿青蛙经常到稻田里觅食害虫，黄青蛙却经常悠闲地躲在路边的草丛中闭目养神。

有一天黄青蛙正在草丛中睡大觉，突然听到有人叫："老弟，老弟。"它懒洋洋地睁开眼睛，发现是田里的绿青蛙。

"你在这里太危险了，搬来跟我住吧！"田里的绿青蛙关切地说，"到田里来，每天都可以吃到昆虫，不但可以填饱肚子，而且还能为庄稼除害，况且也不会有什么危险。"

路边的黄青蛙不耐烦地说："我已经习惯了，干吗要费神地搬到田里去？我懒得动！况且，路边一样也有昆虫吃。"

田里的绿青蛙无可奈何地走了。几天后，它又去探望路边的伙伴，却发现路边的黄青蛙已被车子轧死了，正好暴尸在马路上。

很多灾难与不测都是因为我们的懒惰和其他不良习惯造成的，举手之劳的事情却不愿为之，就注定要为此付出沉重的代价。

懒惰，使人的才华被埋没，使人的潜能被扼杀，使人的一切希望都化为泡影。一个人如果被懒惰所左右，那么他除了躺在床上做一些黄粱美梦以外，很难再有什么别的作为了。黑格尔说过："最大的天才尽管朝朝暮暮躺在青草地上，让微风吹来，眼望着天空，温柔的灵感也始终不会光顾他。"天分高的人如果懒惰成性，不努力发展他的才智，则其成就也不会很大。所以，如果你想要在工作中取得成绩，就要戒除懒惰的毛病，否则，多么好的设想、计划，都不可能实现。

懒惰是人类最难克服的一个敌人。很多人之所以总是拖延自己的行动，就是因为懒惰的关系。许多本来可以做到的事，都因为一次又一次的懒惰拖延而错过了成功的机会。

有一位热心于慈善事业的企业家，总是尽自己的所能帮助那些生活在温饱线以下的人。有一次他听说某山区的一个村子很穷，穷得连最基本的温饱都解决不了。于是他便决定向那个穷山村捐一笔钱，用来帮助他们脱贫致富。

捐钱之前，企业家决定亲自到那个村子里看看。他去了一户村民家里，在那个黑洞洞的屋子里，他看到那家人正在吃饭。他们没有桌子，没有凳子，甚至连双筷子都没有。一家人就这样捧着饭碗蹲在地上，用手抓着吃。看到这一幕，企业家有了一种揪心的感觉，恨不得立刻就能改变这个村子的现状，他决定回去后要做的第一件事就是马上把钱拨过来。

可是当他走出那户村民家之后，却突然改变了主意。回去之后，他撤销了捐助的决定，对此人们百思不得其解。

后来企业家道出了原委：原来就在他走出那户人家之时，突然注意到门前有一大片竹林。"守着竹林，他们连桌凳和一双筷子都懒得做，给他们钱又有什么用呢？"企业家非常痛惜地说。

庄子曰："夫哀莫大于心死，而人死亦次之。"对于一个人来说，惰性是导致一事无成的重要原因。世上没有哪个人生下来就该贫穷、潦倒。在机会均等的情况下，一个人能否有所作为，主要就看这个人能否克服惰性。

其实，惰性的表现往往只不过是你自己的一个念头，只要你能够把这个念头打消了，那么懒惰也就会从你的身上逃走了。赶走了懒惰的你，就自然而然地会从自己动手改造自己开始，你的许多付出，都会在你的勤劳实践与行动中获得回报。

珍惜生命从善用时间开始

世界上有一个奇怪的银行，每个人都在那里开了一个账户，每天都往这个账户上存入同样数目的资金。如果你当天用完，余额不能记账，也不得转让；如果你不用，第二天就自动作废。这笔财富就是时间。

时间是人生最大的财富。一个人的生命是有限的，如何珍惜时间、有效地利用短暂的一生，去成就更辉煌的事业，这是有志之士认真思考对待的人生课题。

法国思想家伏尔泰在中篇小说《查第格》中，讲了这样一则既有趣又颇发人深省的故事："世界上哪样东西是最长的又是最短的，是最快的又是最慢的，是最能分割的又是最广大的，是最不受重视的又是最值得惋惜的？没有它，什么事情都做不成；它使一切渺小的东西归于消灭，使一切伟大的东西生命不绝。"这是什么？大家众说纷纭，捉摸不透。

后来，有一个叫查第格的智者猜中了。他说："最长的莫过于时间，因为它永远无穷无尽；最短的也莫过于时间，因为它使许多人的计划都来不及完成；对于在等待的人，时间最慢；对于在作乐的人，时间最快；它可以无穷无尽地扩展，也可以无限地分割；当时谁都不加重视，过后谁都表示惋惜；没有时间，世界上什么事都不可能做成；对于一切不值得后世纪念的，会随着时间的推移使人淡忘；而对于一切堪称伟大的，时间能使其永垂不朽。"

时间是最公平的，不论贫富贵贱，每个人每天所拥有的时间都一样多；时间又是最不公平的，每个人每天取得的成就绝不会一样多。这是因为每个人在时间观念上的认识不同。

时间是人人都拥有的财富，但并不是所有的人都能理解它的价值。时间对任何人、任何事都是毫不留情的，是专制的。时间可以毫无顾忌地被浪费，也可以被有效地利用。有的人把时间视为生命的一切，有的人仅将其当作用餐和睡眠的刻度。放弃时间的人，时间也会放弃他。

深夜，一个危重病人迎来了他生命中的最后一分钟，死神如期来到了他的身边。在此之前，死神的形象在他脑海中几次闪过。他对死神说："再给我一分钟好吗？"死神回答："你要一分钟干什么？"他说："我想利用这一分钟看一看天，看一看地；我想利用这一分钟想一想我的朋友和我的亲人。如果运气好的话，我还可以看到一朵绽开的花。"

死神说："你的想法不错，但我不能答应。曾经给你留了足够的时间让你去欣赏，你却没有像现在这样去珍惜，你看一下这份账单：在60年的生命中，你有三分之一的时间在睡觉；剩下的30多年里你经常拖延时间；曾经感叹时间太慢的次数达到了10000次，平均每天一次。上学时，你拖延完成家庭作业；成人后，你抽烟、喝酒、看电视，虚掷光阴。我把你的时间明细账罗列如下：做事拖延的时间从青年到老年共耗去了36500个小时，折合1520天。做事有头无尾、马马虎虎，使得事情不断地要重做，浪费了大约300天。因为无所事事，你经常发呆；你经常埋怨、责怪别人，找借口、找理由、推卸责任；你利用工作时间和同事侃大山，毫无顾忌地把工作丢到了一旁；工作时间呼呼大睡，你还和无聊的人煲电话粥；你参加了无数次无所用心、懒散昏睡的会议，这使你的睡眠时间远远超出了20年；你也组织了许多类似的无聊会议，使更多的人和你一样睡眠超标；还有……"

听到这里，这个危重病人就断了气。死神叹了口气说："如果你活着的时候能节约一分钟的话，你就能听完我给你记下的账单了。唉，真可惜，世人怎么都是这样，还等不到我动手就后悔死了。"

善用时间就是善用自己的生命。如果你从手上放走时间，你就是放走了自己的生命；你把时间掌握在手中，你就掌握了自己的生命。

富兰克林曾经说过："你热爱生命吗？那么你就别浪费时间，因为时间是组成生命的材料。"人的生命是有限的，我们不能绝对地延长寿命，但通过对时间的管理，却可以相对地将生命延长。

浪费时间就是浪费生命，就让我们一起行动起来吧，用好每一分每一秒，把有限的生命投入到无限的工作之中。提高工作的效率，提高生活的质量，让生命的价值在有限的时间里尽量发挥，这样就等于增加了生命的"密度"，扩充了有限生命的内涵，我们的生命也因此会变得更有价值，我们的生活也会更有意义！

今日的习惯将是你明日的命运

常言道：习惯成自然。习惯一旦形成，就会成为一种定型性的行为，就会变成人的一种自觉需要。它不需要别人的提醒，不需要别人的督促，也不需要自己意志力的支持，已经变成了一种自动化的动作和行为。

人是一种习惯性的动物。无论我们是否愿意，习惯总是无孔不入，渗透在我们生活的方方面面。有调查表明，人们日常活动的90%源自习惯。然而，习惯还并不仅仅是日常惯例那么简单，它的影响十分深远。俄国教育家乌申斯基对习惯做了一个形象的比喻，他认为："好习惯是人在神经系统中存放的资本，这个资本会不断地增加，一个人毕生都可以享用它的利息。而坏习惯是道德上无法还清的债务，这种债务能以不断增长的利息折磨人，使他最好的创举失败，并把他引到道德破产的地步。"概括地说：一个人如果养成了好的习惯，就会一辈子享受不尽它的利息；要是养成了坏习惯，就会一辈子都偿还不完它的债务。这就是习惯的力量！

北京某外资企业招工，报酬丰厚，要求严格。一些高学历的年轻人过五关斩六将，几乎就要如愿以偿了。最后一关是总经理面试。总经理说："我有点急事，你们等我10分钟。"总经理走后，踌躇满志的年轻人们围着总经理的大办公桌，你翻看文件，我看来信，没一个人闲着。10分钟后，总经理回来了，宣布说："面试已经结束，很遗憾，你们都没有被录取。"年轻人大惊大惑："面试还没开始呢！"总经理说："我不在的时间里你们的表现就是面试。本公司不能录取随便翻阅领导文件的人。"年轻人全傻眼了。因为从小到大，没有人告诉他们这个常识，更谈不上养成习惯了。

习惯决定行为，行为产生结果。这就是习惯的作用。每个人都在不自觉间按着自己的习惯行事，好的习惯带来好的结果，坏的习惯带来不好的结果。可以毫不夸张地说：习惯决定一个人的命运。正如美国成功学大师拿破仑·希尔说："习惯能够成就一个人，也能够摧毁一个人。"

一个人的成就，取决于习惯的好坏，好习惯是成功的基石，而坏习惯则是一生的累赘。既然习惯对于我们的人生来说是如此的重要，那么养成良好的习惯，摒弃不利于个人前途的习惯就变得愈益重要。

有个时期，美国富豪盖蒂抽烟抽得很凶，有一天，他开车度假经过法国，那天正好下着大雨，地面特别泥泞，开了好几个钟头的车子之后，他在一个小城里的旅馆过夜。吃过晚饭后他回到自己的房里，很快便入睡了。

盖蒂清晨两点钟醒来想抽一支烟，打开灯，他自然地伸手去找他睡前放在桌上的那包烟，发现是空的。他下了床，搜寻衣服口袋，结果毫无所获。他又搜索他的行李，希望在其中一个箱子里能发现他无意中留下的一包烟，结果他又失望了。他知道旅馆的酒吧和餐厅早就关门了，心想，这时候要把不耐烦的门房叫起来，后果太不堪设想了。他唯一能得到香烟的办法是穿上衣服，走到火车站去买，但火车站至少在6条街之外。

情况看起来并不乐观，外面仍下着雨，他的汽车停在离旅馆尚有一段距离的车房里。而且，别人提醒过他，车房是在午夜关门，第二天早上6点才开门。这时能够叫到计程车的机会也等于零。

显然，如果他真的这样迫切地要抽一支烟，他只有在雨中走到车站，但是要抽烟的欲望不断地侵蚀他，并越来越强烈。于是他脱下睡衣，开始穿上外衣。他衣服都穿好了，伸手去拿雨衣，这时他突然停住了，开始大笑，笑他自己。他突然体会到，他的行为多么不合逻辑，甚至荒谬。

盖蒂站在那儿寻思，一个所谓的知识分子，一个所谓的商人，一个自认为有足够的理智对别人下命令的人，竟要在三更半夜，离开舒适的旅馆，冒着大雨走过好几条街，仅仅是为了得到一支烟。

盖蒂生平第一次认识到这个问题，他已经养成了一个不可改变的习惯。他愿意牺牲极大的舒适，去满足这个习惯。这个习惯显然没有好处，他突然明确地注意到了这一点，头脑便很快清醒过来，片刻就做出了决定。

他下定决心，把那个放在桌上的烟盒揉成一团，放进废纸篓里。然后他脱下衣服，再度穿上睡衣回到床上。带着一种解脱，甚至是胜利的感觉，他关上灯，闭上眼，听着打在门窗上的雨声。几分钟之后，他进入了深沉、满足的睡眠中。自从那天晚上后他再也没抽过一支烟，也没有了抽烟的欲望。

任何人做任何事的成败，都与他所养成的习惯密切相关。因为人的一生从思想到行为都受着习惯的束缚。因此，养成了正确的习惯，就等于走上了成功的道路。

习惯是所有伟人们的"奴仆"，也是所有失败者的"帮凶"。伟人之所以伟大，得益于习惯的鼎力相助，失败者之所以失败，习惯同样责不可卸。由此可见，习惯对于我们的一生是多么的重要。

一个人要想获得事业上的成功和生活上的幸福，就必须要养成良好的习惯，同时应时时警惕，去除那些危害我们生活的坏习惯。好的习惯可以使人走向成功，而坏的习惯容易耽误一生。一个人的习惯是很难改变的，但并不是不可改变的，只要摒弃坏习惯，培养好习惯，我们就能把握住自己的命运。

贪婪是最真实的贫穷，满足是最真实的财富

人的欲望是与生俱来的，沉湎于欲望而不能自拔称之为贪婪。有贪婪心态的人总希望得到更多，总是不知满足，结果命运让他失去一切，最后只会愚弄自己。

正所谓："欲而不知止，失其所以欲；有而不知足，失其所以有。"如果人的欲望没有限度，最后会什么欲望也得不到满足；如果拥有了还不知满足，最终会失去原有的一切。如果你不能控制自己贪婪的欲望，就会成为欲望的奴隶，最终丧失自我，被欲望所役。

人的欲望是无止境的，然而过分贪心地追逐物质利益会使人丧失理智，变得盲目而愚蠢。人生的烦恼，多是因为放纵了欲望，人生的痛苦也是源于贪欲。因此，做人要控制自己贪婪的欲望，学会知足。

知足是一种健康的人生态度，它让你用宽容的心态来对待人生，面对生活，因为这种心态能让你在生活上不贪婪、不奢求、不浮躁，从而达到心境平和、宁静。就生命的本质而言，知足常乐充满了平凡而又深奥的哲理，人人都应该深长思之。

"二战"结束后，德国慕尼黑满目疮痍，此时，一位农夫和一位商人正在街上寻找没被炮火炸毁的物品。他们发现了一大堆未被烧焦的羊毛，两个人就各分了一半捆在自己的背上。

在回家的路上，他们又发现了一些布匹，农夫将身上沉重的羊毛扔掉，选些自己扛得动的较好的布匹；贪婪的商人将农夫所丢下的羊毛和剩余的布匹统统捡

起来，重负让他气喘吁吁、行动缓慢。

走了不远，他们又发现了一些银质的餐具，农夫将布匹扔掉，捡了些较好的银器背上，商人却因沉重的羊毛和布匹压得他无法弯腰而作罢。

突降大雨，饥寒交迫的商人身上的羊毛和布匹被雨水淋湿了，他踉跄着摔倒在泥泞当中；而农夫却一身轻松地回家了。他变卖了银餐具，生活富足起来。

人生最大的苦恼，不在于自己拥有得太少，而在于自己向往得太多。凡事适可而止，才能把握好自己的人生方向。如果你什么都想要，就会活得很累；该放下的就放下，你才会轻松快乐。

世界上没有永远不幸的人，只有永远不知足的人。不知足的人，虽富犹贫；知足的人，虽贫犹富。生活中，只有知足的人才能立身长久，而且可以免去许多忧愁和悲伤，让快乐的心情永远填满自己的思维，从而尽享生命的乐趣。

事能知足心常惬，人到无求品自高。满足是最真实的财富。时常知足，才会活得轻松，过得自在，这是一切幸福和快乐的源泉！

杜绝拖延，立即行动

拖延是行动的死敌，也是成功的死敌。拖延总是以借口为向导，让我们坐失机会，而借口总是合情合理地让拖延顺理成章。在不知不觉中，拖延已不仅仅是一个习惯，而且成了一种生活方式。拖延使我们所有的美好理想变成真正的幻想，拖延令我们丢失今天而永远生活在"明天"的等待之中，恶性循环的拖延使我们养成懒惰的习性、犹豫矛盾的心态，这样就会成为一个永远只知抱怨叹息的落伍者、失败者、潦倒者。

一位年轻的女士要当妈妈了，她打算为即将出世的孩子织一身最漂亮的毛衣毛裤。她在老公的陪同下买回了一些颜色漂亮的毛线，可是她却迟迟没有动手，有时想拿起那些毛线编织时，她会告诉自己："现在先看一会儿电视吧，等一会儿再织。"等到她说的"一会儿"过去之后，可能老公快要下班回家了，于是她又把这件事情拖到明天，原因是"要给老公做晚饭"。等到孩子快要出生了，那些毛线还像新买回的那样放在柜子里。老公因为心疼老婆，所以也并不催她。后来，婆婆看到那些毛线，告诉儿媳不如自己替她织吧，可是儿媳却表示一定要自己亲手织给孩子。只不过她现在又改变了主意，想等孩子生下来之后再织，她还说："如果是女孩子，我就织一件漂亮的毛裙，如果是男孩就织毛衣毛裤，上面一定要有漂亮的卡通图案。"

孩子生下来了，是个漂亮的男孩。在忙忙碌碌中孩子一天一天地渐渐长大。很快孩子就一岁了，可是她还没有开始织毛衣毛裤。后来，这位年轻的妈妈发现，当初买的毛线已经不够给孩子织一身衣服了，于是打算只给他织一件毛衣，不过打算归打算，动手的日子却一拖再拖。

当孩子两岁时，毛衣还没有织。

当孩子三岁时，妈妈想，也许那团毛线只够给孩子织一件毛背心了，可是毛背心始终没有织成。

……

渐渐地，这位妈妈已经想不起来这些毛线了。

孩子开始上小学了，一天孩子在翻找东西时，发现了这些毛线。孩子说真好看，可惜毛线被虫子蛀蚀了，便问妈妈这些毛线是干什么用的。此时妈妈才又想起自己曾经憧憬的漂亮的、带有卡通图案的花毛衣。

可见，拖延让人一无所获，是对宝贵生命的一种无端浪费，这样的行为在我们的生活和工作中不断发生，如果把你一天的时间记录下来，你会发现，拖延不知不觉地消耗了你大部分的时间。

今天该做的事情拖延到明天完成，现在该打的电话拖延到一两个小时后才打，这个月该完成的报表拖延到下个月，这个季度该达到的经营计划要等到下个季度……凡事都留待明天处理的态度就是拖延，这是一种不良的生活习惯。

拖延是一种恶习，这个坏习惯，并不能使问题消失或者使解决问题变得容易起来，而只会制造问题，给生活和工作造成严重的危害。

对一位渴望成功的人来说，拖延最具破坏性，也是最危险的恶习，它使人丧失进取心。一旦开始遇事推脱，就很容易再次拖延，直到变成一种根深蒂固的习惯性拖延。

美国哈佛大学人才学家哈里克说："世上有93%的人都因拖延的陋习而一事无成，这是因为拖延能挫伤人的积极性。"拖延时间只会使我们在"现在"这个时段更加脆弱，并且耽于幻想。

几乎人人都想消除在工作和生活中因拖延而产生的各种忧虑，但是，却很少有人将自己的愿望付诸行动，不知道自己所推迟的许多事情其实都是可以尽早完成的。

老张是个50岁的中年男人，他有一个坏毛病，就是凡事都拖延。本来他极想成功，但什么事都不能准时完成，结果因积压下来的工作而痛苦，最后几乎因为拖延这个恶习失去了工作。

但几年以后他却成了一家旅游公司的总经理，别人问他使用了什么方法，他娓娓道来："一个星期六的下午，我坐在一家避暑旅馆的走廊上看书，无意中听到一个人在和他的家人谈话。这位做父亲的决定不了该在当天下午还是次日上午去驾船，这天天气很好，第二天或许更好。孩子们很想立即出发，而那位父亲却还是唠叨着，现在去还是明天去。这个人的犹豫让我感到不耐烦，心里骂他：'为什么还不快做决定，这个美丽的下午就快过去了！'忽然我一下子想到，这不也正是我自己的毛病嘛。我办事不成功的原因不在能力方面，而是在采取决定的方面。其实有些事情本身没有那么复杂。意识到这一点，我从此改变了我的行为方式。我对自己说：'要是我不愿意立刻就做一件事，那么我就要求自己立刻决定做的时间，而到时就非做不可！'几年来，我就是这样督促自己，用'赶快决定'这么一个简单的方法使自己获得成功。"

立刻行动起来，不要有任何的耽搁。"立即行动"，是自我激励的警句，是自我发出的信号，它能使你勇敢地改掉拖延这个坏习惯，帮你抓住宝贵的时间去做你所不想做而又必须做的事。

成功者必是立即行动者。对于他们来讲，时间就是生命，时间就是效率，时间就是金钱，拖延一分钟，就浪费一分钟。只有立即行动才能挤出比别人更多的时间，比别人提前抓住机遇。所以，我们必须改掉拖延的恶习，立即行动。

糊涂的人忽视健康，聪明的人经营健康，明白的人储存健康

人生的财富很多，亲情、爱情、友情、金钱……但健康是一切财富的基础。正如一位哲人说过："人生的第一财富是健康，第二财富才是财产，真正拥有财富的人，不是财富最多的人，而是拥有健康的人。"

在这个竞争越来越激烈、生活节奏越来越快的社会里，人们拼命地追名逐利，在年轻时用健康去换金钱，而到老时则用金钱去买健康。他们为了拼命挣钱，不顾身体的劳累，认为等有了钱什么就都有了，房子、汽车等都会有。但他在得到那些物质的同时却失去了最宝贵的财富——健康。有人总结得好：聪明人投资健康，糊涂人透支健康。

张鹏是一个十分优秀的小伙子，而李雪是一个美丽大方的女孩，他们一起在

广告公司搞设计，张鹏负责创意，李雪负责文案，他们的搭配是那么完美，以至于公司的上上下下把他们自然而然地撮合到了一起。

两个人交往了4年，情投意合，进而同居3年，但却迟迟发不出喜帖来。并不是他们有意爱情长跑，而是张鹏的职务越来越重要，工作也越来越繁重，他们根本腾不出假期来结婚。公司的业务蒸蒸日上，张鹏的个人时间就越来越少。李雪有时还陪他加班，送点滋补品为他补身体。看张鹏一支烟接着一支烟地抽，李雪非常心疼。但张鹏却说，只要再拼一阵子就好，等存够了钱，就可以自己创业不必那么累了……

李雪的怀孕来得不知是不是时候，过了3个月，她才从忙碌的工作之余发现不适的异样。检查出已经怀孕3个多月时，她非常的懊恼，认为张鹏这样没日没夜地工作，自己不该在这个时候烦扰他，但是，张鹏知道后却非常开心，当场就大声地说：“李雪！嫁给我吧！”全办公室响起雷鸣般的掌声，她欢喜的泪也夺眶而出。7年的爱情长跑，终于要修成正果了，李雪欣喜万分，当新娘的画面，早在她心头反反复复想象几十遍了。

老板送给他们20万的礼金，说是给张鹏的创业基金，从此变成了同行，大家要互相帮忙。张鹏也爽快地答应在婚前完成最后一批稿件设计。

为了赶稿件设计，张鹏几乎是每天加班到早上6点才回家，迷迷糊糊睡到中午又回公司继续上班。连续一个礼拜的加班之后，他终于交出了所有的设计稿，也交接了所有的业务。此时，离他们的婚礼只剩下不到30个小时。李雪劝张鹏什么都别管，还是先睡一下，养足精神，准备婚礼。

可是谁曾想到，这一睡，张鹏就再也没有醒过来。他被送到医院后，医生判断是时下常见的过劳死，在连续加班后回家睡觉，一睡就成永眠。

一个年轻力壮、从无宿疾的顽强生命，就这样因为体内长期运作失调，而造成器官内讧，衰竭而死。婚庆喜筵成了非正式的告别会，所有参加婚礼的宾客都忍不住落泪，李雪更是哭得死去活来，她恨，她怨，但这又能怪谁呢？

生活的品质是需要用生命来保障的，一个连生命都尚且朝不保夕的人，是很难从生活中体味到快乐和幸福的。在健康面前，人们的财富、地位、权力都会显得很脆弱无力。只有真正解决了自身的健康问题，才能有机会成为成功的人，才能一生平安幸福。

萧伯纳是英国杰出的戏剧作家、世界著名的幽默大师、诺贝尔文学奖的获得者。他享年94岁，不仅才思敏锐，有"当代人中最清楚的头脑"，还有着可与著名运动员相媲美的强健体质。正是由于他有一个健康的身体，他的一生才过得成功并快乐。

萧伯纳在少年时代，其父就对他说："孩子，要以我为前车之鉴，我干的事你都不要效仿！"原来，他的父亲喜欢乱吃东西，一顿饭要吃很多的肉，喝很多的酒，并且整天抽烟，又不爱活动。他听从了父亲的教导，从小养成了良好的生活习惯，不吸烟、不喝酒。萧伯纳成名之后，财富如潮水般地涌来，但他却毫不奢侈。在服装方面，萧伯纳讲究的是整洁、舒适、方便，从不追求华丽，不赶时髦，而且总喜欢穿棉织物品。

萧伯纳一生都坚持锻炼。每天很早起床，天天坚持洗冷水浴、游泳、长跑、散步，他还喜欢骑自行车、打拳。在70多岁时，他曾与当时世界著名的美国运动家丹尼同住在波欧尼岛上的一家旅馆，每天两人过着一样的生活：起床后洗冷水澡，接着游泳，然后躺在海边沙滩上进行日光浴。午后，他们还一块去长途散步。

萧伯纳在谈到健康问题时说："讲究卫生并不能治疗疾病，但能防止疾病，如果一个人过着合理的生活，食用适当的食物，就不至于生病。如果能够数十年孜孜不倦地坚持锻炼，保持乐观的态度，就一定能保证身心的健康，并且获得事业上的成功。"

健康与事业并非水火不相容，关键是要培养健康的生活方式。健康就是生产力，我们要像经营事业一样经营自己的健康，树立"以自然之道，养自然之身"的理念，通过采取改变生活方式、合理膳食、戒烟限酒、适量运动等积极措施，促进人体内部的自然和谐，从而达到有效预防疾病、维护健康的目的。

　　健康的体魄是成就事业的最得力助手，是推进事业的最大动力，在人生的战斗中，能否获得胜利，就在于你能否保重身体，能否保证你的身体处于"良好"的状态，所以你一定要好好地珍惜自己健康的体魄。

　　荷兰学者斯宾诺莎曾对健康做过精辟的论述："保持健康是做人的责任。"既是责任，就要主动去追求健康、经营健康、储存健康，唯有每个人对自己的健康产生责任感之后，才能去寻找健康之路，并真正拥有健康，享受健康。

别让人生之舟搁浅在嫉贤妒能的荒滩上

　　羡慕嫉妒恨是近年来的网络流行语，它刻画了嫉妒的生长轨迹：始于羡慕终于恨。对一个人来说，被人嫉妒等于领受了嫉妒者最真诚的恭维，是一种精神上的优越感和快感。而嫉妒别人，则会或多或少透露出自己的自卑、懊恼、羞愧和不甘。忌恨优者、能者和强者，既反映出自己人格的卑微，也不会有任何好结果。

　　生活中，如果一个人产生了嫉妒情绪，那么他从此就将生活在阴暗的角落里，不能在阳光下光明磊落地说和做，而是面对别人的成功或优势时咬牙切齿，恨得心痛。一个人有了这种不健康的情感，就等于给自己的心灵播下了失败的种子。

　　战国时期，张仪和陈轸都投奔到秦惠王门下，二人受到重用。可不久，张仪便产生了嫉妒心，因为他觉得陈轸有才干，比自己强很多，担心时间一长，秦王会冷落自己，偏爱陈轸。于是他就找机会在秦王面前说陈轸的坏话，进谗言。

一天，张仪对秦惠王说："大王时常让陈轸来往于秦国和楚国之间，可现在楚国对秦国的态度并不比从前友好，反而对陈轸却特别好。可见，陈轸在全心全意为自己谋利，并不是诚心诚意为我们秦国做事。还听说陈轸常把秦国的机密泄露给楚国。作为您的臣子，怎么可以这么做呢？我不愿意同这样的人一起共事。况且最近我又听说他打算离开秦国到楚国去。要是这样，大王倒不如杀掉他。"

听了张仪的这番挑拨，秦王自然很恼怒，马上传令陈轸进见。一见面，秦王就对陈轸说："听说你想离开我，准备上哪儿去呢？告诉我，我好为你准备车辆呀！"

陈轸一听，摸不着头脑，只是两眼直盯着秦王。很快他便明白过来，这里面一定有原因，于是镇定地回答："我准备到楚国去。"

秦王心想果然如此，对张仪的话更加相信了，他缓缓地说："那张仪的话并不是虚构的了。"

陈轸心里完全清楚了。原来是张仪在捣鬼！他没有马上正面回答秦王的话，而是定了定神，不慌不忙地解释说："这事不仅张仪知道，连过路的人都知道。从前，殷高宗的儿子孝己非常孝敬自己的继母，故而天下人都希望孝己能做自己的儿子；吴国的大夫伍子胥对吴王忠心耿耿，以至天下的君王都希望伍子胥做自己的臣子。所以说，出卖奴仆和小妾，如果左右邻居争着买，这就说明他们是忠实的奴仆和贤良的小妾，因为邻居非常了解他们才争相去买；一个女子，如果同乡的小伙子争着要娶她为妻，这就说明她是个好女子，因为同乡的人比较了解她。反过来说我忠于大王您，楚王又怎么不会要我做他的臣子呢？我忠心一片却被怀疑，我不去楚国又去哪呢？"

秦王听了，觉得有理，点头称是，不仅不再怀疑陈轸，而且更加重用他，给了他更丰厚的待遇，相反对张仪冷淡了许多。

这是一个很明显的教训，嫉妒者无不以害人开始，以害己而告终。

嫉妒是一种束缚手脚、阻碍事业发展与创新、影响工作的情绪。其特征是害怕别人超过自己，忌恨他人优于自己，将别人的优越处看作是对自己的威胁。于是，便借助贬低、诽谤他人等手段，来摆脱心中的恐惧和忌恨，以求心理安慰。同时也会使人变得消沉，或是充满仇恨，如果一个人心中变得消沉或是充满仇恨，那么他距离成功也就会越来越远。

培根说："每一个埋头沉入自己事业的人，是没有工夫去嫉妒别人的。"换言之，凡是产生嫉妒心理和行为的人，是没有把心思"埋头沉入自己事业的人"。

美国"汽车大王"福特家族历经77年，在福特三世的手里画上了句号。福特三世是一个妒心极重、说一不二、喜怒无常的人。福特公司易手家族以外的人就与他的为人有极大关系。

1978年7月13日，在福特汽车公司工作了32年、当了8年总裁的亚柯卡被解雇了。这一事件在美国企业界引起了轩然大波，各地的报纸杂志纷纷报道并发表评论，认为这怎么可能呢？亚柯卡是一位奇才，在福特公司总裁的位置上干了8年，为公司净挣35亿美元，福特三世为什么要赶走一位功臣呢？

原来福特三世这个人唯我独尊，心胸狭窄。亚柯卡功勋卓著，在公司内外获得一片赞扬声。亚柯卡干得愈好，福特三世的妒火越旺。对亚柯卡深信的每一件事，福特三世都竭力攻击。当亚柯卡在数千里之外的时候，福特三世乘机召开会议，否定亚柯卡的计划。

福特三世赶走了亚柯卡，并没有使亚柯卡损失什么，是金子到哪里都能发光，是人才到哪里都能大展宏图。亚柯卡被赶走以后，接任了克莱斯勒汽车公司的总裁一职，使濒临倒闭的克莱斯勒汽车公司重振山河。

福特三世嫉妒亚柯卡，受损失的反而是福特三世。当时，《纽约时报》、哥伦比亚广播公司、《汽车新闻》、《华盛顿邮报》、《华尔街日报》等几十家报纸电台都站出来为亚柯卡打抱不平，讥笑福特三世是"妄自尊大的老头"，是"60岁的老少年"。报刊专栏作家在高度评价亚柯卡的人品和业绩以后，含沙射影地指责福特三世，最后感慨地说道："如果像亚柯卡这样的人的饭碗还不牢靠，你的饭碗牢靠吗？"当福特三世狭窄的心胸暴露在光天化日之下时，没有人才愿意和他接近。福特三世赶走了亚柯卡，大大削弱了自己的力量，增强了对手的力量，5年以后公司易手家族以外的人。

嫉妒是万恶的根源，是美德的窃贼。越是嫉妒别人，就越容易消磨自己的斗志和锐气，越会陷入无止境的叹息，使自己的人生之舟搁浅在嫉贤妒能的荒滩上。

产生嫉妒的原因，大多是由于自知不足，比不上别人，这本身就是一个促使自身转变的好契机。"知耻近乎勇"，知道自己不足，努力加以弥补，这才是积极的态度。但如果人与人之间由于嫉妒而你整我，我整你，冤冤相报，何时能了？而且，喜欢嫉妒别人的人自己的日子也不好过。每天嫉妒别人，自己心里也烦恼，总是觉得别人比自己高明，对此又不能平静面对，由嫉妒转为想算计别人。

在生活中，当你发现你正隐隐地嫉妒一个各方面都比自己能干的人的时候，你不妨反省一下自己是否在某些方面有所欠缺。当你得出明确的结论后，你会大受启示。你不妨就借助嫉妒心理超越意识去发奋努力，升华这种嫉妒之情，以此建立强大的自我意识来增强竞争的信心。这样，不但可以克服自己的嫉妒心理，而且可使自己免受或少受嫉妒的伤害，同时还可以帮助自己取得事业上的成功，又可感受到生活的愉悦。

价值百万的

9堂人生哲学课

第八课
人生只有走出来的美丽，没有等出来的辉煌

　　流光溢彩的人生不是你坐在那里就会等到的。时光在流逝，生命在前行，人生不售回程票，好多事情不能等待。所谓人生苦短，因为自己的犹豫和迷茫而错失珍贵的事物，于人生来说太过残忍。在有限的生命中，该努力的时候就要努力，要成功，就要与成功者为伍。既然我们无法改变生命的长度，那就让我们活出生命的宽度。不要等待，马上出发，你的人生必将会更精彩！

好计划要落实到行动上

古人云："事虽小，不为不成；路虽近，不行不到。"意思是说看似很小的事情，你不去做便不能成功；很短的一段路程，如果不去走，那么也不会到达终点。人因拥有梦想而伟大，但要靠坚持不懈的行动来落实自己的梦想。成功需要你将想法转化为行动，只有行动了你才会收获成功，而不是只要默默观赏就会成功。

一家广告公司招聘设计主管，薪水丰厚，求职者甚众。几经考核，10位优秀者脱颖而出，汇聚到了总经理办公室，进行最后一轮的角逐。这时，老总指着办公室里两个并排放置的高大铁柜，为应聘者出了考题：请回去设计一个最佳方案，不搬动外边的铁柜，不借助外援，一个普通的员工如何把里面那个铁柜搬出办公室。

这些应聘者看到起码能有500斤重的铁柜，先是面面相觑，思考着为什么出此怪题，再看老总那一脸认真的表情，他们开始仔细地打量那个纹丝不动的铁柜。毫无疑问，这是一道非常棘手的难题。

3天后，9位应聘者交上了自己绞尽脑汁想出的设计方案：杠杆、滑轮、分割……但老总对这些似乎可行的设计方案根本不在意，只随手翻翻，便放到了一边。这时，最后一位应聘者两手空空地进来了，她是一个看似很弱小的女孩，只见她径直走到里面那个铁柜跟前，轻轻一拽柜门上的拉手，那个铁柜竟被拉了出来——原来那个柜子是用超轻化工材料做的，只是外面喷涂了一层与其他铁柜一模一样的铁漆，其重量不过几十斤，她很轻松地就将其搬出了办公室。

这时，老总微笑着对众人说："大家看到了，这位未来的员工的设计方案才是最佳的——她懂得再好的设计，最后都要落实到行动上。"

可见，没有行动，一切计划都是毫无意义的。"说一尺不如行一寸"，任何目标、任何计划最终必须落实到行动上，这样才能缩短自己与目标之间的距离，逐步把计划变为现实。

有个落魄的中年人每隔三两天就到教堂祈祷，而且他的祷告词几乎每次都相同："上帝啊，请念在我多年来敬畏您的分上，让我中一次彩票吧！阿门。"但他却从来没中过奖。

终于有一次，他跪着说："我的上帝，为何您不垂听我的祈求？让我中彩票吧！只要一次，让我解决所有困难，我愿终身奉献，专心侍奉您……"

就在这时，圣坛上空传来一阵宏伟庄严的声音："我一直在垂听你的祷告。可是，最起码，老兄你也该先去买一张彩票吧！"

心动不如行动。再美好的梦想与愿望，如果不能尽快在行动中落实，最终只能是纸上谈兵，空想一番。有人说，心想事成。这句话本身没有错，但是很多人只把想法停留在空想的世界中，而不落实到具体的行动中，因此常常是竹篮打水一场空。所以，有了梦想，就应该迅速有力地实施。坐在原地等待机遇，无异于盼天上掉馅饼。

约翰和詹姆士一起搭船来到了美国，他们打算在这里闯出自己的一片天地。他们下了船，来到码头，看着海上的豪华游艇从面前缓缓而过，二人都非常羡慕。约翰对詹姆士说："如果有一天我也能拥有这么一艘船，那该有多好。"詹姆士点头表示同意。

中午的时候，他们都觉得肚子有些饿了，两人四处看了看，发现有一个快餐车旁围了好多人，生意似乎不错。约翰对詹姆士说："我们不如也来做快餐的生意吧！"詹姆士说："嗯！这主意似乎不错。可是你看旁边的咖啡厅生意也很好，不如再看看吧！"两人没有统一意见，于是就此各奔东西了。

握手言别后，约翰马上选择了一个不错的地点，把所有的钱投资做快餐。他不断努力，经过5年的用心经营，拥有了很多家快餐连锁店，积累了一大笔钱财，他为自己买了一艘游艇，实现了他自己的梦想。

这一天，约翰驾着游艇出去游玩，发现了一个衣衫褴褛的男子从远处走了过来，那人就是当年与他一起来闯天下的詹姆士。他兴奋地问詹姆士："这5年来你都在做些什么？"詹姆士回答说："5年间，我每时每刻都在想：我到底该做什么呢？"

万事始于心动，成于行动。空想家与行动者之间的区别就在于是否进行了持续而有目的的实际行动。实际行动是实现一切改变的必要前提。我们往往说得太多，思考得太多，梦想得太多，希望得太多，我们甚至计划着某种非凡的事业，最终却以没有任何实际行动而告终。

通向成功的路有千条万条，但是行动却是每一个成功者的必经之路，也是一条捷径。一百次心动远比不上一次行动。心动只能让你终日沉浸在幻想之中，而行动才能让你最终走向成功。

一旦有了目标，世界都会给你让路

现实生活中，许多人之所以一事无成，最根本的原因在于他们不知道自己到底要做什么。所以说，明确自己的目标和方向是非常必要的。只有在知道你的目标是什么、你到底想做什么之后，你才能够达到自己的目的，你的梦想才会变成现实。

有一位名叫库尔斯曼的英国青年，由于小时候患了小儿麻痹症，致使他的一条腿肌肉萎缩，走起路来很困难。可是，他却凭着坚强的毅力和信念，创造了一次又一次令人瞩目的壮举：18岁时，他登上了阿尔卑斯山；20岁时，他登上了乞力马扎罗山；23岁时，他登上了世界最高峰珠穆朗玛峰；29岁前，他登上了世界上所有著名的高山……

然而，就在他29岁生日那天，他却突然在家里自杀了。

这件事令很多人感到费解。功成名就的他，为什么会选择自杀呢？后来，有一位记者了解到，库尔斯曼的父母曾是登山爱好者，在库尔斯曼11岁时，他的父母在攀登阿尔卑斯山时不幸遭遇雪崩双双遇难。父母临行前，留给了年幼的库尔斯曼一份遗嘱，希望他能像父母一样，一座接一座地登上世界著名的高山。

从此以后，年幼的库尔斯曼就把父母的遗嘱作为他人生奋斗的目标，当他全部实现这些目标的时候，感到了前所未有的空虚和绝望。在自杀现场，人们看到了库尔斯曼留下的痛苦遗言："这些年来，征服世界著名的高山曾是我一生唯一的奋斗目标，作为一个残疾人，我之所以能成功攀登那些高山，都是因为父母的遗嘱给了我生存下去的一种信念。如今，当我攀登了那些高山之后，我感到无事可做了，我突然之间失去了人生的目标……"

可怜的库尔斯曼因失去人生的目标，而失去了人生的全部。这是值得人们反思的。没有目标的人的人生本身就是乏味无聊的，他只能在人生旅途的十字路口徘徊，永远抵达不了成功的彼岸。

目标对于一个人来说是至关重要的，可以说，有什么样的目标，就会有什么样的人生。要在人生道路的不同时期确定与之相适应的目标，这样人生才有意义，才有乐趣，才会精彩。没有目标，人生通常也就失去了意义，有清晰且长期的远大目标，并且一直为之努力，才会有一个成功的人生。

高尔基说过："一个人追求的目标越高，他的能力就发展得越快，对社会就越有益。"对我们每个人来说，明确的目标就犹如我们成长过程中的灯塔，照亮我们前进的方向，指引我们不断前进。

有一年，一群意气风发的天之骄子从美国哈佛大学毕业了，他们即将开始各自的人生。他们的智力、学历、环境条件都相差无几。临出校门前，哈佛对他们进行了一次关于人生目标的调查。结果是这样的：

27%的人，没有目标；

60%的人，目标模糊；

10%的人，有清晰但比较短期的目标；

3%的人，有清晰而长远的目标。

25年后，哈佛再次对这群学生进行了跟踪调查。结果是这样的：

3%的人，25年间他们朝着一个方向不懈努力，几乎都成为社会各界的成功之士，其中不乏行业领袖、社会精英；

10%的人，他们的短期目标不断实现，成为各个领域中的专业人士，大都生活在社会的中上层；

60%的人，他们安稳地生活与工作，但都没有什么特别的成绩，几乎都生活在社会的中下层；

剩下的27%的人，他们的生活没有目标，过得很不如意，并且常常埋怨他人、抱怨社会、抱怨这个"不肯给他们机会"的世界。

上面这组数据给我们这样一个启示：我们只有为自己树立一个清晰而长远的目标，才能在工作和生活中取得丰硕的成果。

哲学家爱默生曾说过："当一个人知道他的目标去向时，这个世界是会为他开路的。"的确，给自己一个梦想，一个目标，把它们深藏于心，每天不断地提醒自己目标一定会实现的，并且为了这个目标，制订一个详细而周全的计划，不断地检验计划的执行情况，你就一定能够如愿以偿。

你无法选择出身，但可以主动改变命运

人生中的有些事情是注定的，比如无法选择自己的父母，自己的出身。有些人生于都市官宦富豪之家，吃穿无忧；有些人却生于穷乡僻壤的寒门，衣食无着。贫富的较大悬殊、社会背景的巨大反差，决定了他们从小就不在同一起跑线上。

诚然，这个社会中存在着不公平，因为人与人的出身有差别，人与人的资质有高低，人与人的境遇有不同……但我们可以换个角度考虑问题，贫苦的出身可能会更加激发一个人强烈的斗志，资质愚笨可能会更加令一个人奋发图强，身处逆境可能会更加激发一个人无限的潜能……所以，与其抱怨自己出身不好，不如主动改变自己的命运。

1950年，朝鲜发生了战争，不断升级的战争带走了一个15岁少年生活中的快乐，贫困成了他生活的主题。

在生活和命运的捉弄下，为了生存，他以卖冰棍和萝卜为生，但却难以维持温饱，于是他又开始了卖报生涯。他卖报时既用力又用心，他发现，防川市场的北方人，更愿从报纸上了解北方的战况，因而报纸能多卖些，并且他是先发报纸再取钱，这正是与其他报童不同的地方。一年半后，他成了无人不知的报童，并且成了卖报的领班。他一方面向其他报童收取领班费，另一方面自己也卖报，拥有双份收入。1956年，他考取了延世大学商学院经济系，24岁时以优异的成绩毕业。后来他成了韩国第3位，世界第46位拥有巨额资产的企业总裁，他就是韩国大宇集团董事长金宇中。他在回忆童年的生活时，既有酸楚，也有自豪，他称自己是一位贫困而不凡的少年商人。正是童年的艰难困苦，赋予了金宇中坚韧和聪慧，帮助他创造了人生的伟业。

人的出身不能自己选择，但道路可以自己选择。我们可以通过自身的努力选择属于自己的生活道路、生活方式。

出身贫穷，并非代表一事无成，更不代表永远不会成功，它仅仅是物质上暂时匮乏的一种符号。只要拥有成功的信念，即使身无分文，也照样可以白手起家。

福勒是一个黑人小孩，他出生在美国路易斯安那州一个贫民窟里，由于贫困，他不得不在5岁时就开始劳动。福勒的大多数小伙伴也都是穷人家的孩子，他们都很早就参加劳动。这些家庭祖祖辈辈只有一种观念：贫穷是命运的安排，因此，他们从来都没有想过如何改善自己的生活。

在这些穷人家的孩子当中，小福勒是与众不同的：因为他有一位不寻常的母亲，母亲不肯接受命运的安排，更不肯接受这种仅够糊口的生活。她时常对儿子说："儿子，我们不应该贫穷。我不愿意听到你说我们的贫穷是上帝的意愿。我们的贫穷不是上帝的缘故，而是因为你的父亲从来就没有产生过致富的愿望。我们家庭中的任何人都没有产生过出人头地的想法。人定胜天。贫穷不是命运的安排，只要你有改变贫穷的想法，就一定能改善目前的生活。"

"贫穷不是命运的安排"，这个观念在福勒的心灵深处刻下了深深的烙印，以至于改变了他整个的人生。他决定把经商作为生财的一条捷径，最后选定经营肥皂。于是，他挨家挨户推销肥皂达12年之久。

在此期间，他不断努力地改变自己的生活状况。后来，他获悉供应肥皂的那个公司即将拍卖出售。福勒很想把它买下，他依靠自己在多年经营活动中树立的良好信誉，从朋友那里借了一些钱，又从投资集团那里得到了帮助，筹集到11.5万美元，但还差1万美元。当他漫无目的地走过几个街区后，看到一家承包事务所的窗子里还亮着灯。福勒走了进去，看见写字台后面坐着一个因深夜工作而疲惫不堪的人，福勒直截了当地对他说："你想挣1000美元吗？"这句话吓得这位承包商差一点倒下去，"想，当然想。"

"那么，请你给我开一张1万美元的支票，当我还这笔借款的时候，将另付出1000美元利息给你。"当福勒离开这个事务所的时候，口袋里已经有一张1万美元的支票。

在他不断地努力下，他终于如愿以偿地成了那个肥皂公司的老板，而且还取得了其他7家公司和一家报馆的控股权。当有人与他一起探讨成功之道时，他就用母亲多年以前所说的那句话回答："我们是贫穷的，但不是因为上帝，而是我们从来没有想到致富。"

安东尼·罗宾说："一个人目前的处境，正是个人信念的真实写照。我们不能选择出身，但我们可以选择人生。你认为自己是怎样的人，你就会成为怎样的人，过怎样的生活。也就是说你在人生中对自己的定位，也就是对你生活状况的定位。你认为自己只能靠乞讨生活，你就注定会成为一个乞丐；而你认为自己有能力，能成就伟业，你就会成为一个出类拔萃的人。"

有一首诗写得好：你无法选择出身，但可以造就未来；你不能勾画生命的长度，但可以拓展它的宽度；你不能改变天生的容貌，但可以提升内在的气质；你不能预知未来，但可以把握现在……只要努力去改变，我们就能开创美好的未来！

失败意味着你有理由重新开始

在人生道路上，谁都期望获得成功，避免失败和挫折。因为成功意味着自己事业上的成就和对社会的贡献，而失败和挫折则会带来损失和沮丧。但是，人们在改造自然和改造社会的过程中，总是既有成功，又有失败和挫折，而且失败和挫折往往多于成功，成功常常又是从失败和挫折中发展出来的。失败和挫折是通向成功的途径。

在西班牙的港口城市巴塞罗那，有一家世界闻名的造船厂，这个造船厂已经有1000多年的历史。每次船厂生产出一艘船舶，都要依照其原貌再打造一个小模型留在厂里，并把这只船出厂后的命运刻在模型上。厂里有一个房间专门用来陈列船舶模型。因为历史悠久，所造船舶的数量不断增加，所以陈列室也逐步扩大，从最初的一间小房子变成了现在造船厂里最宏伟的建筑，里面陈列着将近10万只船舶的模型。

当人们走进这个陈列馆，无一不被那些船舶模型上面雕刻的文字所震慑。有一只名字叫"西班牙公主号"的船舶模型上雕刻的文字是这样的：本船共计航海50年，其中11次遭遇冰川，有6次遭海盗抢掠，有9次与另外的船舶相撞，有21次发生故障抛锚搁浅。每一个模型上都用文字详细记录着该船经历的风风雨雨。在陈列馆最里面的一面墙上，是对造船厂上千年来所有出厂的船舶的概述：造船厂出厂的近10万只船舶当中，有6000只在大海中沉没，有9000只因为受伤严重不能再进行修复航行，有6万只船舶遭遇过20次以上的大灾难，没有一只船从下海那一天开始没有过受伤的经历……

现在，这个造船厂的船舶陈列馆，早已经突破了原来的意义，它已经成为西班牙最负盛名的旅游景点，成为西班牙人教育后代获取精神力量的象征。

这正是西班牙人吸取智慧的地方：所有船舶，不论用途是什么，只要到大海里航行，就会受伤，就会遭遇灾难。

其实，我们的人生就如同大海里的船舶，随时都可能经历风浪，没有不受伤的船，也没有不经历磨难的人生。我们不应该面对挫折和失败时，一味地怨天尤人和自暴自弃，而是应该鼓起勇气，勇往直前。

有一位知名的作家说："失败应成为我们的老师，而不是掘墓人；失败是暂时耽误，而不是一败涂地；失败是暂时走了弯路，而不是走进死胡同。"如果你能这样看待失败，你就能轻装前进，最终战胜失败，获得成功。

在通过成功的道路上，任何一个人的发展之路都不会是完全笔直的，都要走些弯路，都要为成功付出代价。成功者也会失败，但他们之所以是成功者，就在于他们失败了以后，能够从失败中总结出教训，并从失败中站起来，发愤上进，于是成功就接踵而来。

20世纪60年代，日本"九井"公司社长到美国去做商业考察，发现美国的超级市场很兴旺，其集生活日用品于一处，任人选购的销售方式与销售业绩，使他产生"日本开这种超级市场也一定大有发展前途"的新构想。于是，回国后他立即付诸行动，在他经营信用卡的公司六楼、七楼开办了"生活日用品超级市场"，并启动他的全部经营手段经营。然而开办一年多后，不但没有赚到钱，反而亏了大本，财政赤字3000万日元。

面对这次失败，该社长没有怨天尤人，而是进行了认真的反思，从而找出了失败的症结。他发现，开拓新领域必须要谨慎。第一，要懂行。他们原来经营信用卡业务，不懂经营生活日用品，因此就吃了大亏。第二，"追二兔者不得一兔"。在他们经营生活日用品时，从信用卡业务部门抽出了40名年轻力壮的管理人才，使他们原来生意兴旺的信用卡业务受到损失，结果两种经营都没搞好。第三，要选择好经营地点和了解消费者的需求。他的超级市场卖生活日用品，开在六楼、七楼，又没电梯。许多人不愿意为了买一两种蔬菜、鱼肉或日用品而上楼。第四，当发现有问题时，应当立刻"刹车"。该公司在六楼、七楼，经营三个月没有生意，明知是错误的决策，社长为了面子还独断专行，又在平地另开了两个"生活日用品超级市场"，结果花费越来越大，生意也不好，赤字增大。经过这一番深刻地检讨与反思，他们调整了经营部署，果断退出了他们不熟悉的生活日用品经营业，继续拓展信用卡业务，最终成为日本一家规模庞大的公司。

失败是任何人都不愿意看到的事情，但是，在很多时候，这也是难以避免的事情。出现失败后怎么办？如果你因此灰心丧气，悲观失望，则只能坐以待毙，一事无成；如果你能从失败中汲取教训，总结经验，这条路不行走那条路，这种方法不行用那种方法，你就一定能够走出失败的阴影，迈向成功的目标。

任何成功都包含着失败，每一次失败都是通向成功不可跨越的阶梯。那种经常被视为失败的事，实际上常常只不过是暂时性的挫折而已。这种失败又常常是一种幸福，是生活赐予我们的最伟大的"礼物"，因为它使我们振作起来，调整我们的努力方向，使我们向着更美好的方向前进。

当我们做出尝试但没有成功时，不必太在意，至少我们可以从中学到一些有助于完成最终目标的东西。当你选择一条路但却行不通时，换另一条路走。你若是能认为挫折只不过是在学习经验，那么你一生中获得成功的次数将远远胜过失败。

只要心还愿攀登，就没有到不了的高度

人类生存中有一项不可否认的事实：只要是人类可以正当追求的，都有可能获得成功。英国大作家约翰逊曾说过："在勤奋和技巧之下，没有不可能成功的事情。"的确，没有做不到的事情，只有你想不想做，或许当你做一件事情的时候会遇到很多的困难，但只要你发自内心地想做，最后一定会成功的。人生没有达不到的高度，只有不愿攀登的心。

年轻的时候，拿破仑·希尔抱着一个当作家的雄心。要达到这个目标，他知道自己必须精于遣词造句，字词将是他的工具。但由天他小时候家里很穷，所接受的教育不完整，因此，朋友好心地告诉他，说他的雄心是不可能实现的。

年轻的希尔存钱买了一本最好的字典，他所需要的字都在这本字典里面，而他的目标是完全了解和掌握这些字。但是他做了一件奇特的事，他找到"不可能"这个词，用小剪刀把它剪下来，然后丢掉，于是他有了一本没有"不可能"

的字典。此后他把他整个的事业建立在这个前提下，那就是对一个要成长，而且要成长得超过别人的人来说，没有事情是不可能的。

由此看来，只要你从你的字典里把"不可能"这个词删除，从你的心中把这个观念铲除，从你谈话中将它剔除，从你的想法中将它排除，从你的态度中将它扫除，不要为它提供理由，不再为它寻找借口，把这个词和这个观念永远地抛弃，而用充满希望的"可能"来替代，你就能够将"不可能"变为"可能"。

林语堂先生讲过一句话："为什么世界上95%的人都不成功，而只有5%的人成功？因为在95%的人的脑海里，只有三个字'不可能'。"的确，大多数人常常被"不可能"三个字困扰，这三个字无时无刻不在侵蚀着他们的意志和理想，其实，这些"不可能"大多是人们的一种想象，只要能拿出勇气主动出击，那些"不可能"就会变成"可能"。如果你认为自己的愿望永远不可能实现，那它也永远只能是你的愿望；如果你相信愿望终会变成现实，那这就没有什么不可能。不要在心里为自己设限，那将是你无法逾越的障碍。

人的潜能是巨大的，一个人只有具备积极的自我意识，才会知道自己是个什么样的人，并知道自己能够成为什么样的人，从而才能积极地开发和利用自己身上的巨大潜能，将不可能的事变成可能，干出非凡的事业来。

布鲁金斯学会创建于1927年，以培养世界最杰出的推销员著称于世。它有一个传统，在每期学员毕业时，都设计一道最能体现推销员能力的实习题，让学生去完成。

1975年，布鲁金斯学会设计的题目是让学生将一个微型的录音机推销给当时的总统尼克松，这个学会的一名学员成功了。克林顿当总统的8年间，学会曾设计过一个题目，是让学员将一条三角裤头推销给克林顿总统，但是8年过去了，无一人推销成功。小布什当总统之后，学会又给学生的命题为：请你把一把斧子推销给布什总统。

实际上，当时的美国总统布什什么也不缺，他要一把斧子干什么？即使说他需要斧子，也不需要他亲自去购买；退一步说他就是亲自去买了，也不一定会碰上你这个卖斧子的推销员。因而，要完成这个看似不可能完成的题目应该说是大海捞针——够难的了。

可是，有一个叫作乔治·赫伯特的学员，并不认为这个题目是不可能完成的。他首先对完成这个题目充满自信，相信自己一定能够成功。而后他围绕着斧子和布什总统的关系进行了一番详细的调查研究，得知布什总统在得克萨斯州有一座农场，农场里面长着许多树木，这些树木确实需要修剪。他紧接着就给布什总统写信，阐明总统需要买一把斧子的理由。布什总统接到信后，也认为是这样，确实有必要买一把斧子，一来对树木进行修剪；二来锻炼身体，经常到林子里呼吸一下新鲜空气；三可以调节一下自己繁忙的生活。于是立即给这位学生寄去了15美元，买回了一把斧子。

乔治·赫伯特成功后，布鲁金斯学会奖给了他一双上面刻有"最伟大的推销员"的金靴子，并在表彰他的时候说："金靴奖已设置了26年，26年间，布鲁金斯学会培养了数以万计的推销员，造就了数以万计的百万富翁。这只金靴之所以没有授予他们，是因为我们一直想寻找这样一个人——这个人从不因有人说某一目标不能实现而放弃，从不因某件事情难以办到而失去自信。"

乔治·赫伯特之所以会取得成功，是因为他在关键时刻敢于挑战"不可能"，他相信只要不自我设限，就不会再有任何限制；只要突破自我限制，任何事情都不能阻止自己。

其实，很多看似"不可能"的事情，并不像你想象的那样复杂，困难只是被人为地夸大了。当你耐心分析、梳理，把它"普通化"后，你常常可以想出很有条理的解决方案。

做任何事情，只要你想去做，而且是认真地做，想尽一切办法去做，坚持地去做，没有什么事情是做不到的。不大可能的事也许今天会实现，根本不可能的事也许明天会实现。

命运掌握在自己手中

在日常生活中，说到命运，我们常常听到的说法是："人的命，天注定。""命中只有一斗米，走遍天下不满升。""生不逢时，命运不济"等等。这些对命运的悲观论调在不少人脑子里已经根深蒂固，因此，我们有必要在自己的意识里重新建立"命运掌握在自己手里"的观念。

有一个年轻人，他认为自己命运不济，无论如何努力奋斗都不能达到成功。有一次，他去拜访一位禅师，问道："这个世界上到底有没有命运？"

禅师说："当然有啊。"

年轻人再问："命运究竟是怎么回事？既然命中注定，那奋斗又有什么用？"

禅师没有回答年轻人的问题，但笑着抓起他的左手，说先给他看看手相，算算命。禅师先给他讲了一通生命线、爱情线、事业线等诸如此类的话，接着对年轻人说："把手伸好，照我的样子做一个动作。"说完，禅师举起左手，慢慢地且越来越紧地抓起拳头。年轻人也照着样子举起左手，抓紧了拳头。

禅师问："抓紧了没有？"

年轻人有些迷惑，答道："抓紧啦。"

禅师又问："那些命运线在哪里？"

年轻人回答："在我的手里呀。"

禅师再追问："请问，命运在哪里？"

年轻人如当头棒喝，恍然大悟：命运就在自己的手里！

的确，命运是掌握在自己手里的，没有人能够左右。只有自己才是命运的主宰者。我们每个人都是自己命运的主人，我们的人生是失败还是成功，是默默无闻还是光彩显赫，完全是自己造成的。

有两个兄弟生长在贫穷家庭里，由于长期受到酗酒父亲的虐待，最后他们选择了离开家里，各自外出奋斗。

多年之后，他们受邀参与一项针对酗酒家庭的研究，这时的哥哥早已成了一位滴酒不沾的成功商人，而弟弟却成了一个和父亲没有两样的酒鬼，生活穷困潦倒。主持这项研究的心理学家对他们的际遇相当好奇，忍不住问他们："为什么你们最后会变成这样呢？"出乎众人意料的是，两人的答案竟然一样："如果你的父亲也像我父亲一样，你还能怎么办？"

这则故事说明了困难和厄运会造成两种不同的结果，你可以被困境轻易打倒，也可以将困难和厄运当作是生命的原动力，激发你获得巨大的成就。决定自己会走哪一条路，完全要看你对所处的环境作何解释，有何看法。

人生的道路不可能是完全平坦的，它有曲折、有坎坷、有阻碍、有陷阱，追求成功的路上，我们也常常会遇到这样或者那样的困难。对此，消极的人往往会因面临困难而失去斗志，丧失信心，从而产生失败感和自卑心理；而积极的人、充满自信的人，则善于把困难作为激励自己更加奋发向上的动力，及时地调整自己的精神状态，从困难的阴影里走出来。

被称为日本"经营之神"的松下幸之助，白手起家，从生产电灯插座踏入商界。经过几十年的辛苦经营，到1995年，松下幸之助拥有的松下电器工业营业额达802.5亿美元，拥有资产800亿美元，雇聘员工254059人。谁能想到这么一位全世界屈指可数的大企业创始人竟历尽人生坎坷！

松下幸之助的前半生是十分艰苦和不幸的，他11岁时因家庭生活贫困而辍学；13岁时父亲因无钱治病而早逝；他在17岁时差一点儿被淹死；20岁时母亲又病故，而他本人又因患肺病几乎死亡；34岁时他唯一的儿子仅6个月就死去了；他长期受病魔折磨，40岁前有一半时间因病卧床……

做人的关键在于有积极的人生观。饱经艰难的松下幸之助认为，坏事可能变成好事，危机可能变成时机，逆境可能变成顺境。他每当受到挫折和遇到打击时，就以乡下人洗甘薯的景象抚慰自己。

日本的乡下人是这样洗甘薯的：在木制的大桶里装满了水和甘薯，人们用一根木棍不停地搅动，大小不一的甘薯随着搅动，有的沉下去，有的浮起来，浮浮沉沉，互有轮替，甘薯最终被洗干净了。

松下幸之助说："甘薯浮浮沉沉、互有轮替的景象，正是人生的写照。每个人的一生，也会浮浮沉沉，不会永远春风得意，也不会永远穷困潦倒。这持续不停的一浮一沉，就是对每个人的最好磨炼。"

人生的每一步都要亲自走过，纵然需要别人指引，但自己才是决定该往何处去的人，无人能代替我们走完这一段旅程。所以，面对逆境时，要相信自己：无论困难多大，通往成功之路就在自己的脚下，不管是谁，只要相信自己，敢于主宰自己的命运，充分发挥出自己的聪明才智，就一定能成就一番事业。

在人生的道路上，每个人都是自己命运的主宰者和创造者，每个人都有权改变自己的命运。它取决于人对命运的态度，只要能够清楚地洞察命运之奥秘，就能够做自己命运的主人。

困难是磨砺人生的基石

人生的旅途不可能一帆风顺，常会遇到许多意想不到的困难和挫折，艰难险阻是人生对我们另一种形式的馈赠，困难挫折也是对我们意志的磨炼和考验。面对人生劫难，我们要勇敢地去面对，从挫折中汲取教训。

美国著名作家爱伦·坡，是世界文坛上最著名、最浪漫的天才之一。但爱伦·坡的一生，历经了许多屈辱与苦难。

爱伦·坡从小是个孤儿，受尽了白眼与欺辱。在被一个富有的烟草商人收为养子后，由于不能博得养父的欢心，竟被骂为"白痴"，并被用棍棒打出家门。在他26岁时，他与表妹维琴妮亚不顾一切地热恋并结婚了，那是爱伦·坡一生中最美好的时光，但也给他带来了莫大的痛苦。许多人认为他疯了，劝他尽早结束这幕悲剧；有更多的人奉劝维琴妮亚离开这个穷光蛋，在他们眼里，爱伦·坡根本不配拥有爱情和一切美好的东西。

爱伦·坡夫妇的生活境况十分潦倒，很多时候穷得没有饭钱，就更不用说每月三美元的房租了。不久之后，维琴妮亚便病倒在床，爱伦·坡没有钱为自己的妻子买食物和药物，他们不是整天饿着肚子，便是当院里的车前草开花时，把它煮来充饥。除了肉体上的折磨，还有来自于旁人的冷嘲热讽。面对外界巨大的压力和生活的落魄，爱伦·坡夫妇却用世间最牢固的爱情击垮了一切流言，始终彼此恩爱。爱伦·坡每天几近疯狂地写诗，渴望成功的强烈愿望使他忘记了一切痛苦，在他的脑海中，只有两个字——奋斗！

但是，体弱的维琴妮亚终究敌不过饥寒交迫，在一个寒冷的冬夜，带着对爱伦·坡深深的爱离开了人世。失去了爱妻，爱伦·坡几乎崩溃了，唯一支撑他的就只有成功的信念了。在爱妻的坟墓旁，他强忍着泪水和思念，笔耕不辍，将全身的热情投入到创作之中。最终，他因写出了感人肺腑的《爱的称颂》而闻名于世，获得了自己人生的成功。

成功是令人心驰神往的，但通向成功的道路是坎坷的、曲折的、艰难的。纵观古今中外的成功者，哪一个不是历尽磨难？如果成功的路上都是一帆风顺，那世界上就不会有人成功有人失意了。只有面对困难百折不回、遇到挫折坚持不懈的人，才有可能登上成功的巅峰。因为遇到一点儿困难就灰心丧气，受到一点儿挫折就悲观失望，并因此而打退堂鼓，这样的人是永远都不可能达到成功的目标的。

塞万提斯被誉为是西班牙文学界最伟大的作家。1547年，他出生于一个贫困之家，父亲是一个跑江湖的外科医生。因为生活艰难，塞万提斯跟随父亲到处东奔西跑，直到1566年才定居马德里。颠沛流离的童年生活，使他仅受过中学教育。他22岁参加西班牙军队。结果在一次海战中，他不幸身受重伤，左手致残。1575年离开军队，回家途中却不幸遇到摩尔人海盗，他被带到阿尔及尔当作奴隶出卖，经历了一言难尽的痛苦和艰辛。一直到1580年，他才被父母赎身获得自由。为了维持生计，塞万提斯在海军中充任军需职务，后来却因涉嫌挪用公款案，蒙冤入狱。3个月后，无罪释放，但是却一直找不到满意的工作，丢掉了几份好差事，一家人的生活没有着落，重又徘徊在饥寒困顿中。当时一家7口人挤在一所下等公寓的小房子里，楼上是妓院，楼下是小酒楼，白天晚上都十分嘈杂。但正是在如此嘈杂和恶劣的条件下，他在狭窄的过道上放一张极为简单的书桌，从事《唐·吉诃德》的创作，并一举成名。

人生之路，就是不断战胜困难和面对考验的路。困难并不可怕，可怕的是不能以正确的态度面对困难，在困难中使人倒下的往往不是困难本身，而是消极悲观的态度，是缺乏战胜困难的勇气和信心，是没有坚强的意志。

虽然说困难总是让人痛苦的，但是经历困难的磨炼的确会使人变得成熟，从这个角度讲，遭遇困难又不是一件坏事。可以说，困难是磨砺人生的基石，只有在困难面前毫无怯意，经过艰苦的磨炼，才能成就伟大的事业；而那些面对困难胆怯、畏缩、逃避的人，是不会有所建树的，更谈不上有何惊人的业绩了。所以，当困难降临时，我们就不该逃避、不该抱怨，而应该以坦然、积极乐观的态度对待困难，最终战胜困难。

强者会创造机会

常有人发出如此的感慨：如果给我一个机会，我也能……

这些人通常不会成功，因为他们把自己的命运系在一个等来的机会上，只知道抱怨自己的命运。

没有人会主动给你送来机会，机会也不会主动来到你的身边，只有你自己去主动争取。成大事者的习惯之一是：有机会，抓机会；没有机会，创造机会。拿破仑·希尔说："任何人唯一能依靠的'运气'，是他自己创造的'机遇'——这需要坚韧不拔的精神，而固定不变的目标是其起步点。"

小王是一家合资公司的白领，觉得自己满腔抱负却没有得到上级的赏识，经常想：如果有一天能见到老总，有机会展示一下自己的才干就好了！

小王的同事小李，也有同样的想法，他更进一步去打听老总上下班的时间，算好他大概会在何时进电梯，他也在这个时候去坐电梯，希望能遇到老总，有机会可以打个招呼。

他们的同事小张更进一步。他详细了解老总的奋斗历程，弄清老总毕业的学校、人际交往风格、关心的问题，精心设计了几句简单却有分量的开场白，在算好的时间去乘坐电梯。跟老总打过几次招呼后，终于有一天跟老总长谈了一次，不久就争取到了更好的职位。

这个故事告诉我们：与其等待机会不如主动创造机会。

人们常说："天赐良机。"人们也说："谋事在人，成事在天。"机遇，它是上天给予少数幸运儿的礼物。但在现实生活当中，机遇是靠争取得来的成功的钥匙。得到机遇，不靠天赐，而在人为。

守株待兔是等不来机遇的，只有像毕加索那样，主动出击，才能给自己创造机遇。

莎士比亚说："聪明人会抓住每一次机会，更聪明的人会不断创造新机会。"当机遇尚未出现时，除了时刻准备之外，我们也应该主动为自己创造机遇，不能总是守株待兔，等着机遇上门。培根说过："智者创造机会。"机会是等不来的，它必须靠我们平时的勤奋经营和努力创造才能获得；机会也是平等的，关键看你是否懂得如何去寻求机会，并且将它变成获得成功的垫脚石。

1835年，世界上第一台电报机诞生了。电报的诞生，给世界信息业带来了一场日新月异的革命。1921年6月2日，当电报诞生25周年的时候，《纽约时报》对这一具有历史意义的发明发表了一个总结性的消息：因为电报的诞生，人们每年接受的信息量是25年前的50倍。

看到这一消息后，当时有至少50个机敏的美国人对此产生了浓厚的兴趣，他们立刻想到创办一份综合性的文摘杂志，遍选精华，使人们能在千头万绪、林林总总的信息中，更加容易和直接地看到自己迫切需要知道的信息。这些人差不多都是美国的商界精英和政界头号人物，他们之中有百万富翁、有出版商、有记者、律师、作家，甚至还有一位忙碌的国会议员。他们都同时从电报诞生25周年这个消息上得到启迪，不约而同地相信，如果创办一份文摘性刊物，一定会拥有很多的读者，创办者百分之百可以从中赚到一笔巨额的可观利润。在不到一个月的时间里，他们都去银行存了500美元的法定资金，并顺利办理了创办刊物的执照。当他们拿着执照到邮政部门申请办理有关发行手续时，邮政部门却一概拒绝了。邮政部门说："还从来没有代理过这类刊物的征订和发行业务，即使同意代理，现在也不到时机，最快也要等到明年中期的总统大选以后。"

许多人得到这种答复后，就决定按照邮政部门说的那样，只好等到明年中后期了。甚至有几个精明人为了免交执业税，马上向管理部门递交了暂缓执业的申请。但只有一个年轻人没有停下来去等待，他立即回到家里，买来纸张、剪刀和糨糊，和他的家人马上糊了2000个信封，装上了一张张的征订单，然后把信送到邮局全部寄了出去。

很快，一本全新的文摘性杂志——《读者文摘》就送到了许多读者的手里，并且发行量直线上升，雪片似的订单从四面八方纷纷飞向了杂志社。到了第二年中期，当邮政部门终于答应代理发行征订手续时，《读者文摘》通过直接邮购早就在市场上稳稳站住了脚跟。那些当初也曾梦想过办这样一份文摘性杂志的人现在手捧着《读者文摘》，个个追悔莫及，如果不是坐等时机，他们也足以办起这样一本风靡全美的畅销杂志，但恰恰是因为等待，他们丢失了这个千载难逢的机遇。

这位没有等待的年轻人叫德威特·华莱士，他抓住机遇，创造了世界出版史上的一个奇迹。他创办的这份《读者文摘》经久不衰，到2002年6月，《读者文摘》已拥有了19种文字、48个版本，发行范围遍布全球5大洲127个国家和地区，订户达一亿多人，年收入达五亿美元之多。

从这里可以看出，机会不是等来的，很多时候还得靠自己去发现、去挖掘，甚至还得靠自己去创造，并且创造机会比等待机会更为重要。因为现成的机会毕竟不多，等待机会显得过于被动，而创造机会能充分发挥自己的主观能动性，把握甚至改变事情的发展趋势。

与其抱怨命运的不公，不如努力改变

上帝是公平客观的，它给你关了一扇门的同时，又会为你打开另一扇窗。人的一生总会有坎坷与挫折，当它们与你"不期而遇"时，是一味地抱怨上天不公、感叹命运多舛，还是勇于面对、不屈抗争并最终战而胜之呢？看看下面这个故事，或许你就会找到答案。

海伦·凯勒是美国著名学者，她在一岁半的时候突患急性脑充血，连日的高烧使她昏迷不醒。当她醒来后，眼睛被烧瞎了，耳朵烧聋了，小嘴也说不出话来，成了一位集聋、哑、盲三位一体的特殊儿童。要对这样的儿童进行教育是特别困难的。但海伦依靠自身顽强的毅力学习盲文，靠手的触摸来体验文字的含义和感悟别人说话的意思。她在聋哑学校学习了数学、自然、法语、德语，能够用法语和德语阅读小说。考大学时英文和德文还得了优等成绩。1904年，海伦以优异的成绩从大学毕业。然后把自己的一生献给了盲人福利和教育事业。她先后写了14部著作，《我生活的故事》、《走出黑暗》、《乐观》等都在世界范围内产生了影响。海伦所面临的是常人无法想象的困境，可她勇于面对现实，敢于拼搏，谱写了一曲激荡人心的生命之歌，赢得了全世界的赞扬。联合国还曾发起"海伦·凯勒"世界运动。海伦面对逆境不自卑，在挫折面前不低头，是生活中的真正的强者。

挫折与苦难看似为你关上了希望之门，但同时也为你敞开了梦想之窗。一个人的人生道路不会是一帆风顺的，而是荆棘丛生、坎坷不断。当面临人生的苦难时，不要抱怨命运的不公，也没必要自暴自弃，因为你就是上帝派来的使者，他让你经受磨炼，不断成熟，直至抵达成功的终点。

有句话说得好："如果你想抱怨，生活中的一切都会成为你抱怨的对象；如果你不抱怨，生活中的一切都不会让你抱怨。"要知道，一味地抱怨不但于事无补，有时会把事情变得更糟。所以，不管现实怎样，我们都不应该抱怨，而要靠自己的努力来改变现状并获得幸福。

迈克尔先生是一位成功的企业家，他从一个小学徒做起，经过多年的奋斗，终于拥有了自己的公司和办公楼，并且受到了人们的尊敬。

有一天，迈克尔先生从他的办公楼出来，刚走到街上，就听见身后传来"嗒嗒嗒"的声音，那是盲人用竹竿敲打地面发出的声响。迈克尔先生愣了一下，缓缓地转过身。

那盲人感觉到前面有人，连忙打起精神，上前说道："尊敬的先生，您一定发现我是一个可怜的盲人，能不能占用您一点点时间呢？"

迈克尔先生说："我要去会见一个重要的客户，你要说什么就快说吧。"

盲人在一个包里摸索了半天，掏出一个打火机，放到迈克尔先生的手里，说："先生，这个打火机只卖1美元，这可是最好的打火机啊。"

迈克尔先生听了，叹口气，把手伸进西服口袋，掏出一张钞票递给盲人："我不抽烟，但我愿意帮助你。这个打火机，也许我可以送给开电梯的小伙子。"

盲人用手摸了一下那张钞票，竟然是100美元！他用颤抖的手反复抚摸着这张钱，嘴里连连感谢着："您是我遇见过的最慷慨的先生！仁慈的富人啊，我为您祈祷！上帝保佑您！"

迈克尔先生笑了笑，正准备走，盲人拉住他，又喋喋不休地说："您不知道，我并不是一生下来就瞎眼的，都是23年前布尔顿的那次事故！太可怕了！"

迈克尔先生一震，问道："你是在那次化工厂爆炸中失明的吗？"

盲人仿佛遇见了知音，兴奋得连连点头："是啊，是啊，您也知道？这也难怪，那次光炸死的人就有93个，受伤的人有好几百，那可是头条新闻啊！"

盲人想用自己的遭遇打动对方，争取多得到一些钱，他可怜巴巴地说了下去："我真可怜啊！到处流浪，孤苦伶仃，吃了上顿没下顿，死了都没人知道！"他越说越激动："您不知道当时的情况，火一下子冒了出来，仿佛是从地狱中冒出来的。逃命的人都挤在一起，我好不容易冲到门口，可一个大个子在我身后大喊：'让我先出去！我还年轻，我不想死！'他把我推倒了，踩着我的身体跑了出去！我失去了知觉，等我醒来，就成了盲人，命运真不公平啊！"

迈克尔先生冷冷地说："事实恐怕不是这样吧？你说反了。"

盲人一惊，用空洞的眼睛呆呆地对着迈克尔先生。

迈克尔先生一字一顿地说："我当时也在布尔顿化工厂当工人，是你从我的身上踏过去的！你长得比我高大，你说的那句话，我永远都忘不了！"

盲人站了好长时间，突然一把抓住迈克尔先生，爆发出一阵大笑："这就是命运啊！不公平的命运！你在里面，现在出人头地了，我跑了出去，却成了一个没有用的盲人！"

迈克尔先生用力推开盲人的手，平静地说："你知道吗？我也是一个盲人。

你相信命运，可是我不信。"

这就是迈克尔先生，一个不屈服于命运的强者。即使现实宣判了他死刑，他依旧坚韧不拔地努力奋斗，不向命运低头。盲人尚且知道自强不息，而一些健全者反倒以下跪来博得路人的同情。人与人相比，真是有天壤之别啊！

我们每个人都是自己命运的主人，我们的人生是失败还是成功，是默默无闻还是光彩显赫，完全是由自己决定的。亚伯拉罕·林肯曾经说过："我一直认为，如果一个人决心想获得幸福，那么他就能得到这种幸福。"也许你对这一说法感到非常奇怪，人怎能自己选择自己的幸福？但如果你认真分析身边的成功者和失败者，你就会发现事实确实如此。所以，面对逆境时，要相信自己：无论困难多大，通往成功之路就在自己的脚下；不管是谁，只要相信自己，敢于主宰自己的命运，充分发挥出自己的聪明才智，就一定能成就一番事业。

价值百万的

9堂人生哲学课

第九课
无法改变现实，可以改变心情

　　人生没有过不去的事情，只有过不去的心情。现实生活里不可能总是艳阳天，狂风暴雨随时都有可能光临。现实是无法抗拒的，环境是无法改变的，我们永远无法控制每一件事情，但是我们可以改变面对事情时的心情，让心情去适应事情，从而让事态因为好的心情而朝有利于自己的方向发展。

心境不同，世界大不同

对于秋天是一个什么样的季节，每个人都有自己的看法。有人说，秋天是结束的季节，因为他们看到那凋零的落叶，便感叹岁月不饶人，同时也为自己一事无成所慨叹；农人却说，秋天是收获的季节，因为他们看到金色的玉米，脸上便洋溢着丰收的喜悦，为自己所付出的努力而自豪。

同样是秋天，为什么会有两种截然相反的看法呢？关键是两种人对待事物的看法不同。前一种人持有消极悲观的态度，看问题从消极的方面考虑，自然就会对秋天有种怨恨、叹息的情怀；而后一种人则具有积极乐观的态度，凡事看到了好的一方面，对秋天充满收获的渴望。可见，一个人生活的是否快乐幸福，就看他的态度了。好的心态可使人快乐进取，有朝气，有精神。消极的心态则使人沮丧，难过，没有主动性。

现实中，影响我们生活的绝不仅仅是外在的环境，心态控制了一个人的行动和思想。同时，心态也决定了一个人的视野、事业和成就。

我有一个朋友，一次，他要去广州出差。在订票时，他发现车票已经卖光了。但售票员说，只有万分之一的机会可能会有人临时退票。他听到这一情况，马上开始收拾出差要用的行李。我不解地问："既然已经没有车票了，你还收拾行李干什么？"他说："我去碰一碰运气，如果没有人退票，就等于我拎着行李去车站散步而已。"等到开车前15分钟，终于有一位女士因孩子生病退票，我的朋友登上了去广州的火车。到达广州后，他打电话给我，并充满自信地对我说："这次出差公干，我一定会很顺利的，因为我是个抓住了万分之一机会的笨蛋，因为我凡事从好处着想。别人以为我是傻瓜，其实这正是我与别人不同的地方。"

可见，一个人拥有积极乐观的心态，凡事都往好处想，做人也会很开心的。只要你拥有积极乐观的心态，就能产生改变世界和改变自我的力量，克服重重困难，赢得幸福和成功。

成功是因为态度，幸福与快乐也取决于个人的态度。一个人只要改变内在的心态，就可以改变外在的生活环境和生存状态。态度决定着人生的成败：我们怎样对待生活，生活就怎样对待我们。

前段时间，我有一个朋友失业了。他是突然被炒鱿鱼的，而且老板未做任何解释，唯一的理由是公司的政策有变化，不再需要他了。更令他难以接受的是，就在几个月以前，另一家公司还想以优厚的条件将他挖走，当时他把这事告诉了他的老板，老板极力地挽留他说："我们更需要你！而且，我们会给你一个更好的前景。"

而现在，他却落到了如此田地，可想而知他是多么痛苦。一种不被人需要、被人拒绝以及不安全的情绪一直缠绕着他，他不时地徘徊、挣扎，自尊心深受损害，一个原来能干的人变得消沉沮丧、愤世嫉俗。在这种心境下，怎么可能找到新的工作呢？

有一天，他来我家做客。在我的书架上，他无意中看到《积极心态的力量》这本书。看过一遍后，他开始思考自己目前这种状况是否也存在一些积极的因素呢？但他发现了许多消极负面的情绪，这些负面因素是使他一蹶不振的主要原因。他也意识到一点，要想发挥积极思考的作用，自己首先必须做到一点——排除消极的情绪。

没错！这便是他必须着手开始的地方。于是他开始改变思维方式，摒除消极的情绪，代之以积极的思想，使自己的心灵复苏。他开始不断激励自己："我相信一切都会好起来的。我不能再抱怨自己的遭遇，我要努力改变自己的现状。"此后，他不再对老板愤愤不已，他认为，如果自己身为老板，也许也会不得不如此。当他如此考虑之后，自己的整个心态完全改变了，他又找到了新的工作。

无论我们做什么事情，心态都是很重要的。一位伟人说："要么你去驾驭生命，要么是生命驾驭你。你的心态决定谁是坐骑，谁是骑师。"一个人具有什么样的心态，他就可以成为一个什么样的人，他就会拥有一个什么样的人生。如果你是一个能保持积极的心态，能掌握自己的思想，并引导它为自己的生活目标服务的人，你就能够获得成功。

心境不同，世界大不同。世界是客观存在的，但它在人心里的感觉是不尽相同的。每个人眼里的不同世界，是每个人不同心境的再现。拥有什么样的心境就拥有什么样的世界，选择一种心境就是选择一种生活态度、一种生活方式，乃至一个世界。

有一个朋友乘船到英国，途中遇到风暴。船上的很多人都惊慌失措。然而一个老太太非常平静地在祷告，神情十分安详。等到风浪过去，朋友好奇地问这位老太太："你为什么一点儿都不害怕？"老太太回答说："我有两个女儿，大女儿已经被上帝接走，回到天堂；二女儿还住在英国。刚才风浪大作的时候，就向上帝祷告：如果接我回天堂，我就去看大女儿；如果留住我的性命，我就去看二女儿。不管去哪里都一样，都可以同最心爱的女儿在一起，我怎么会害怕呢？"

在身处这么重大的困境时，老太太竟然能以这样平和的心态看待问题，她一定是一个充满智慧的老者，她的精神世界一定是美丽与安宁的。生活中，不论遭遇怎样的逆境或磨难，只要你以积极的心态面对，就会发现，生活里原来到处都充满阳光。贝多芬曾说过："你的生活并非全数由生命所发生的事情来决定，而是由你自己面对生命的态度与你的心灵看待事情的态度来决定。"你无法改变人生，可是你可以改变你的人生观；你无法改变环境，但你可以改变你的心境。

人生充满了选择，而生活的态度就是一切。相同的世界在不同人的眼中是不同的，有时看法甚至是截然相反的。心态不同，人对同样事物的认识就不同。你用什么样的态度对待你的人生，生活就会以什么样的态度来待你。你消极悲观，生命便会暗淡；你积极向上，生活就会给你许多快乐。

一个生活比较潦倒的推销员，每天都埋怨自己"怀才不遇"，命运在捉弄他。

圣诞节前夕，家家户户张灯结彩，充满节日的热闹气氛。他坐在公园里的一张椅子上，开始回顾往事。去年的今天，他也是孤单一个人，在醉酒中度过了他的圣诞节，没有新衣服，也没有新鞋子，更别谈新车子、新房子。

"唉！今年我又要穿着这双旧鞋子度过圣诞节了！"说着准备脱掉这双旧鞋子。这个时候，他突然看见了一个年轻人自己滑着轮椅从他身边走过。他顿悟到："我有鞋子穿是多么幸福！他连穿鞋子的机会都没有啊！"

之后，这个推销员做任何一件事都以乐观的心态积极地对待，发愤图强，力争上游。数年之后，生活在他面前终于彻底改变了，他成了一名百万富翁。

人生之路就是一条曲折之路，当被绊倒时，你应打开心灵的另一扇窗，以一种积极、乐观的态度站在人生道路的最前沿，以另一种角度看生活。当你改变了心境，你会发现，生活原来如此的美好，你始终生活在一个充满希望、充满未来的广阔天地中。总之，境由心造，只要你能积极乐观地对待生活，就能轻松自在地享受美妙的人生。

心随境转是凡夫，境随心转是圣贤

生活中，有些人总喜欢说他们现在的悲惨境况是别人造成的，环境决定了他们的人生位置。但事实上，环境能左右一些意识上的感观，却不是造成实际境况的主因。说到底，如何看待人生，是由我们自己的态度决定的。

塞尔玛陪伴丈夫驻扎在沙漠的一个陆军基地里。她丈夫奉命到沙漠里去演习，她一个人留在陆军的小铁皮房子里，天气热得受不了——在仙人掌的阴影下气温也有摄氏52度。她没有人可谈天，周围只有墨西哥人和印第安人，而他们不会说英语。她非常难过，于是就写信给父母，说要丢开一切回家去。她父亲的回信只有两行，这两行信却永远留在她心中，完全改变了她的生活：两个人从牢中的铁窗望出去，一个看到泥土，一个却看到了星星。

塞尔玛一再读这封信，觉得非常惭愧，她决定要在沙漠中找到星星。塞尔玛开始和当地人交朋友，他们的反应使她非常惊奇，她对他们的纺织、陶器表示兴趣，他们就把最喜欢但舍不得卖给观光客人的纺织品和陶器送给了她。塞尔玛研究那些引人入迷的仙人掌和各种沙漠植物，又学习有关土拨鼠的知识。她观看沙漠日落，还寻找海螺壳，这些海螺壳是几万年前当这沙漠还是海洋时留下来的。原来难以忍受的环境现在变成了令人兴奋、流连忘返的奇景。

是什么使这位女士的内心有了这么大的转变？

沙漠没有改变，印第安人也没有改变，但是这位女士的心态改变了，新念头使她把原先认为恶劣的情况变为一生中最有意义的冒险。她为发现新世界而兴奋不已，并为此写了一本书以《快乐的城堡》为书名出版了。她从自己造的牢房里看出去，终于看到了星星。

面对已经发生的事情，我们不可能改变，但是我们却可以改变自己的心境，改变自己对事物的看法，给予其正面的意义。一旦我们的心境发生改变，那么对整个事情的感受也就改变了。虽然我们无法调整环境来完全适应自己的生活，但我们可以调整态度来适应一切的环境。

有这样一则故事：

一个穷人与妻子、三对儿子儿媳妇，还有三对女儿女婿，共同生活在一间房子里，拥挤的居住环境让他感到快要崩溃了。无奈之下，他便去山上的庙里找老和尚求救。他说："我们全家十几口人住在一间房子里，整天争吵不休，我的精神快崩溃了，我的家简直是地狱，再这样下去，我就要死了。"老和尚说："你按我说的去做，情况会变得好一些。"穷人听了这话，非常高兴。老和尚得知穷人家还有一只羊、一条狗和一群鸡，便说："我有让你解除困境的办法了，你回家去，把这些家畜带到屋里，与人一起生活。"穷人一听大为震惊，但他事先答应要按老和尚说的去做，只好依计而行。

过了一天，穷人满脸痛苦地找到老和尚说："大师，你给我出的什么主意？事情比以前更糟了，现在我家成了十足的地狱，家里鸡飞狗跳，那只山羊撕碎了我房间里的一切东西，它让我的生活如同噩梦。人怎么可以与牲畜同处一室呢！""完全正确，"老和尚温和地说："赶快回家，把那些牲畜赶出屋去！"

第二天，穷人找到老和尚，他满脸红光，兴奋难抑，他拉住老和尚的手说："谢谢你，大师，你又把甜蜜的生活给了我。现在所有的动物都出去了，屋子显得那么安静，那么宽敞，那么干净，你不知道，我是多么开心啊！"

其实每一个人的心都是被外在环境所牵动着，我们的一切烦忧都来自于内心深处。世界上没有快乐的地方，只有快乐的人。也就是说，生活本身既不是福，也不是祸，它是盛装福祸的容器，就看你把它变成什么。正如圣严法师所说："只要自己的心态改变，环境也会跟着改变；世界上没有绝对的好与坏。"所以，只要你的心不随着环境而乱动，不被环境牵着鼻子走，不用主观的自我意识来观察、衡量、判断，也就不会产生矛盾和冲突。

从前，有一个小和尚犯了错误，师父为了惩罚他，将他关到禅房里，面壁思过一个月。这个禅房仅有两平方米左右大，小和尚住在里面很是拘束，不自在又不能活动。他的内心充满着愤慨与不平，备受委屈和难过，认为住在这么一间小禅房里面，简直是到了人间炼狱。他每天就这么怨天尤人，不停地抱怨着。

有一天晚上，禅房里面突然飞进一只蚊子，时不时地叮咬他。小和尚心想：我已经够烦了，又加上这只讨厌的家伙，实在气死人了，我一定非打死它不可！他小心翼翼地捕捉，无奈蚊子比他更机灵，每当快要捉到它时，它就轻盈地飞走了。

蚊子飞到东边，他就向东边一扑；蚊子飞到西边，他又往西边一扑，捉了很久，还是无法捉到它，小和尚这才慨叹道，原来我面壁的禅房不小啊！居然连一只蚊子都捉不到，可见蛮大的嘛！此时他悟出一个道理，原来"心中有事世间小，心中无事一床宽"。

不管世间的变化如何，只要你不为环境所扰，不为杂念所困，不为顺逆所动，则一切荣辱、是非、得失都不能左右你。所以说，心外世界的大小并不重要，重要的是我们自己的内心世界。一个胸襟宽阔的人，纵然住在一个小小的囚房里，亦能转境，把小囚房变成大千世界；如果一个心量狭小、不满现实的人，即使住在摩天大楼里，也会感到事事不能称心如意。

圣严法师曾说过，"心随境转是凡夫，境随心转是圣贤"。其实，心随境转与境随心转就只是一念之间的智慧，如果每个人都能发挥这一点智慧，那周遭的一切都将变得美好。

心怀美好，三步之内皆美景

心怀美好是积极的生活态度。生活不是缺少美，而是缺少发现美的眼睛。其实，在这个世界上一切皆有可能，幸福和成功离我们并不遥远，关键取决于我们积极的思维方式和乐观的态度。心怀美好，凡事从好处想，就会看到希望，有了希望才能增添我们生活的勇气和力量。

有这样一个故事：

生性开朗乐观的吉米，终于实现了自己翱翔蓝天的愿望——当上了飞行员。他十分高兴，逢人便讲。一天，他遇到了一个朋友，便告诉朋友："前几天，我在大草原的上空练习飞行，当时的景色真是美丽极了。飞在天上的时候，我发现什么烦恼都没有了。"

"那会不会有危险？"朋友担心地说。

"飞行当然有一定的危险，不过飞机上的安全设备很齐全，通常情况下是没事的。"

"可是，万一那些安全设施失灵了怎么办？"

"不会那么巧。就算安全设施失灵了，还有应急措施呢。即使一切都失灵了，还可以跳伞自救。"

"跳伞也有很大的危险啊。万一跳伞失败，可就是以性命为代价啊。你能保证你跳的每一次都一定有把握？"

吉米觉得这个朋友也太多虑了，就开玩笑地说："草原上多的是干草垛，就算跳伞失败了，我也会想办法落到干草垛上去的。"

"怎么能够正好落上去呢？即使你能落在上面，但万一草垛上碰巧插了一把粪叉，那可危险了。"

"草垛那么大，我也不一定就正好落到粪叉上啊。"

"要万一落到上面呢，那时候可真的会没命的。"

"就是有万一，这所有的不幸也不会都让我遇上吧！"飞行员耸耸肩。

凡事往好处想是一种乐观的生活态度。如果我们凡事都往好处想，就会以镇定从容的心情享受生活。心怀美好，内心便充满阳光，这种乐观的、积极向上的心态，会激发我们旺盛的生命力，永远拥有成功的信心和希望。即便是在身处绝境的情况下，也能以豁达开朗的心胸面对未来。

从前，有一位秀才连续两次进京赶考都没有高中。这一年，他又赶赴京城考试，住在一个经常住的店里。

由于考试前十分紧张和焦虑，他每天晚上都做梦。就在临考前两天的一个晚上，他一连做了三个奇怪的梦：第一个梦是梦到自己在墙上种白菜，第二个梦是下雨天，他戴了斗笠还打伞，第三个梦是梦到跟心爱的表妹脱光了衣服躺在一起，但是背靠着背。

这三个梦似乎预示着什么事情要发生，第二天，秀才就赶紧去找算命先生解梦。算命先生听了秀才的诉说后，连连摇头说："不妙，不妙！我看你还是赶紧收拾行李回家吧。你想想，高墙上种菜不是白费劲吗？戴斗笠打雨伞不是多此一举吗？跟表妹都脱光了躺在一张床上了，却背靠背，不是没戏吗？与其在这里耽误时间，不如早点回家。"

听了算命先生的解释，秀才心灰意懒，回店收拾包袱准备回家。店老板非常奇怪，问："明天就要考试了，你怎么收拾行李呢？"秀才如此这般说了一番，店老板乐了："原来如此。其实，我也会解梦的。我倒觉得，你这次一定要留下来。你想想，墙上种菜不是高中吗？戴斗笠打伞不是说明你这次有备无患吗？跟你表妹脱光了背靠背躺在床上，不是说明你翻身的时候就要到了吗？"

秀才一听，觉得更有道理，于是精神振奋地参加考试，居然中了个探花。

生活中很多情况就是如此，只要转变一下思考方式，改变了看问题的心态，结果就会大大的不同。

凡事都往好处想，做人也会开心的！但是，凡事都往好处想，说起来容易做起来难。有些人活在世上，恰恰总是把事往坏处想，结果也使自己整天处在高度紧张、猜疑、惊恐、戒备、争斗之中，具有这种心理状态的人，还能开心吗？把事情往好处想，这是获得开心的一个秘诀！

"凡事往好处想"并不是解决一切问题的灵丹妙药，却是一种健康积极的人生哲学。有了它，也许问题本身不会减少，但却找到了解决问题的正确方向。所以，我们应该培养乐观的人生态度。凡事往好处想，事情自然会向好处发展。凡事都往好处想，心怀美好，就会以镇定从容的心情享受生活，就可以准确找到生活的角度，展示生命的风采。

面朝阳光，把阴影留在身后

有这样一个故事：

一个小孩子为了超越自己的影子，不停地跑。可是，无论他跑得多快，影子总是跟在他的后面。后来有一位老爷爷告诉他一个很简单的方法："你只要面对太阳，影子就会移到你的后面去了。"这个小孩子听了老爷爷的话，第二天就按照老爷爷的话去做，果然如此。

是的，事实也确实是这样：面对光明时，阴影永远只能落在我们的后面。如果我们心怀朝阳，我们就能够看到生活中光明的一面，即使在漆黑的夜晚，我们也知道星星仍在闪烁。生活中，不管遇到什么困难，只要我们用乐观积极向上的心态去面对，我们离幸福的距离就会更近一些。

有一个年轻人，胸怀大志到外地经商，经过了三年的奋斗，终于能够有所成就，心里一直梦想着衣锦荣归、光耀门楣的景象。不料，一场无情的大火把他三年的努力化为灰烬，美梦顿时成为泡影，伤心之余他生起了寻死的念头。

他想找一个山崖从上面跳下来，结束他这一事无成的一生。到了山崖，他发现已经有一个老人在山崖上犹豫不决地走着。他好奇地走近问他独自一个人在此徘徊的原因，那老人告诉他：

"我本来有一个小康家庭，一家四口和乐地生活着，不料，几年前自己却生了一种怪病，看尽了名医都束手无策，花尽了家产也没有一点起色，现在为了看好我的病，妻儿们连三餐都得尽量节省以筹措我的医药费，我成了家中的累赘，我想如果我死了，他们就可以不必再过这种生活了。"

听了那老人的话，年轻人内心的感触很多。

就在此时，不远处有个乞丐，手中提着包一跛一跛兴高采烈地向山上走来。看他的样子，好像是趁着日暖时上山来走走玩玩的。乞丐看见那二人，不介意地在他二人的旁边席地坐了下来，一面打开手中所提的包，一面口中念叨：

"今天天气真好，二位大哥兴致真高，这么早就来游山玩水。"

近身一看才知道，这乞丐不只是缺了一条腿而已，肩膀上还少了一只胳膊，原来那包是绑在他的袖子上的。看到这情形后，那年轻人想了想那老人，再想想自己，心中不禁盘算着：

"我不过是失去了三年奋斗的结果，但我还年轻，还有机会再来一次，而那老人家，不过只是暂时失去了健康，但他却拥有孝顺的儿女和贤惠的妻子；那乞丐，虽缺胳膊缺腿，无依无靠，却自由自在地生活。比起他，我们实在是连死的资格都没有。"

他就对那老人说："我不想死了！我觉得我们俩还不是天下最可怜的人，我们不过是没鞋穿而已，要知道世界上还有的人没脚；没脚的人都不愿意死，没鞋穿的人更没资格去死。"

老人略有所悟地点了点头，迈着脚步和那年轻人一起下山去了。

生活中，无论你的境遇多么悲惨，你也不是最不幸最可怜的人，世界上比你更惨的人或许就在你身边，只不过他们比你更懂得珍惜，因而你在他们脸上看到的始终只是灿烂的微笑。

在一次施工中，一名建筑师意外地遇上塌方事故。虽然他有幸保住了性命，但是却失去了两条腿。他对生活充满了绝望，感到失去了生存的意义。后来，他偷偷吞下一整瓶安眠药。幸亏被家人及时发现，才挽回了他的生命。但是，他仍一直萎靡不振。

为了帮助他重新点燃生活的希望，家人经常陪他参加一些残疾人组织的活动。有一天，一位画家举办了一次画展，家人决定陪他前去参观。

在展览大厅的一角，他被其中一幅名为《迎接潮水》的水彩画深深地打动了：在一片金色的海滩上，搁浅了一条老船，船体上刻满了岁月的沧桑。在那稍稍倾侧的船体下，只有一小洼清水。然而，画面上却写着一行非常有力的字："相信吧，潮水会回来！"

从这幅画中，他感觉到有一股无形的力量在震撼着他，使他的眼睛湿润了。他非常想拜见一下这幅画的作者。之后，他从展室管理员那儿得知了作者的家庭住址。于是，这名建筑师便让家人陪他一同去拜访。

当他来到那位作画者的家中时，他才发现，原来那位画家是一位年逾七旬的老者，而且也是一个残疾人。老画家正躺在床上，用两个枕头垫着后背，守着画板作画。然而，在老者那枯瘦的面孔上，却见不到丝毫痛苦的神情。老者放下画笔，热情地打招呼，在他们面前一直都是谈笑风生。在交谈中，建筑师得知，十多年前，这位老者因患上进行性运动神经疾病，卧床不起。但是，这么多年来，他一直坚持与病魔抗争。这名建筑师再一次被老画家的精神感动了，他坦诚地对老者说："见到你之后，我忽然开始为自己以前的怯懦而感到羞耻。"告别之时，老画家把那幅《迎接潮水》的画作送给了他。

后来，这位建筑师设计了许多有名的建筑，成为一名十分出色的建筑设计师。

生活中的不幸是在所难免的，关键是我们如何坦然面对这些不幸。上帝并不偏爱任何人，身为一个人，我们都得历经一些苦难，正好像我们也历经许多幸福一样。巴尔扎克有一句名言："不幸，是天才的晋身之阶，信徒的洗礼之水，能人的无价之宝，弱者的无底深渊。"人的一生中，难免会遇到形形色色的打击。但只要我们学会面对生活中的不幸，就能够创造属于自己的奇迹。

乐观的人能看见问题背后的机会

乐观与悲观，代表两种不同的人生态度，两种对人生不同的看法。乐观的人在危机中看到的是希望，悲观的人看到的是绝望。乐观的心态能把坏的事情变好，悲观的心态会把好的事情变坏。生活中，乐观的人能看到事情比较有利的一面，期待最有利的结果；悲观的人则总是看到事情不利的一面，强化不利的结果。

汤姆在22岁那年进入军中服役，并且奉命参加了一次战役。但不幸的是，在那次战役中，他受了严重的眼伤，眼睛因此看不见东西。虽然他承受着巨大的伤害和痛楚，但是他仍然十分乐观。他常常与其他病人开玩笑，并把自己的香烟和糖果赠给病友。

医生们都尽心尽力想帮助汤姆恢复视力，但仍然没有效果。有一天，主治医师亲自走进汤姆的病房，对他说道："汤姆，你知道，我一向喜欢向病人实话实说，从不欺骗他们。我现在要告诉你，你的视力是不能恢复了。"

时间似乎停止了，病房里呈现出可怕的静默。

"我知道。"汤姆终于打破沉寂，他平静地回答道，"其实，我一直都知道会有这个结果。但我还是非常谢谢你们为我费了这么多的精力。"

几分钟之后，汤姆对他的病友说道："我觉得我没有任何理由可以绝望。不错，我的眼睛瞎了。但和聋人相比，我能听见声音；和下肢瘫痪者相比，我能行走；和哑巴相比，我能说话。据我所知政府还可以协助我学得一技之长，以让我维持生计。既然生活如此善待我，我更要好好地活着。其实，我现在所需要的，就是适应一种新生活罢了。"

汤姆面对不幸，没有怨恨，没有自卑，只有对生活的感激——感激在命运给予他不公平的同时，生活恰如其分地填补了这份缺陷，赐予他一颗乐观豁达的心。

乐观的人具有积极的心态，他们对待事物，不看消极的一面，只看积极的一面。有一位智者说过："生性乐观的人，懂得在逆境中找到光明；生性悲观的人，却常因愚蠢的叹气，而把光明之火给吹熄了。当你懂得生活的乐趣，就能享受生命带来的喜悦。"的确，乐观的人，凡事都往好处想，以欢喜的心想欢喜的事，自然成就欢喜的人生；悲观的人，凡事都朝坏处想，越想越苦，终成烦恼的人生。生活是美好的，虽然也不免有些伤心和痛苦，但这些都是生活的本色，所以我们要勇敢而乐观地面对它。

日本的水泥大王浅野一郎，23岁时从乡下来到繁华的东京，他看到有人用钱买水喝，感到很奇怪，水还用钱买吗？面对此情此景，有的人会这样想：东京这个鬼地方，连点水都要用钱买，生活费用太高了，怕难以久居，于是便离开东京。但是浅野一郎并不这么想，他从这件事中看到了生机：东京这个地方，连水都能卖钱。他一下子振奋起来，从此开始他的创业生涯，后来终于成为东京的水泥大王。

这就是一位积极乐观的人的生活态度。乐观者首先看到事物发展的有利条件，这会给他更多的机会、勇气和动力，自然也有更多的成功机遇；悲观者相反，总是先看到不利的因素，总觉得天要塌下来了，因而生活的能力和动力不足，成功的机会自然也少多了。

人生会遇到许多难以预料的事，在这些事面前，我们应当乐观对待，多往好的一面想并为此而努力。积极乐观对人就像太阳对植物一样重要，积极乐观的态度就是心中的太阳，这种心灵中的阳光能构筑美丽的生命，促进它范围所及的一切事情的发展。

这个世界就像个多棱镜一般，这一面是不幸，另一面可能就是幸运，如果能以一颗乐观的心态去对待，不幸就可以转化为幸运。世间事都在自己的一念之间。我们可以想出天堂，也可以想出地狱。生活里，只要我们学会坦然面对不愉快的事，抱着一种乐观的态度，那么一切的好运都会涌向你。

与其改变世界，不如先改变自己

有这样一则寓言故事：

有一天，狂风刮断了一棵大树，大树看见弱小的芦苇却没有一点损伤，就问芦苇，为什么这么粗壮的我都被风刮断了，而这么纤细的你却什么事也没有呢？芦苇回答："我知道自己软弱无力，就会低下头给风让路，避免了狂风的冲击；而你却仗着自己强硬有力，拼命抵抗，结果被狂风刮断了。"

这则寓言虽然短小，但却给我们深刻的启发：当你不能改变环境时，一定要低下傲慢的头颅，改变自己。

任何人都不可能离开环境而生存，在无法改变环境时，只有改变自己，努力去适应环境。人不可能一直生活在自己意愿中的环境里，当生存的环境变得越来越艰难时，我们要懂得改变自己去适应它。如果环境不利于我们，我们还要强行让外界适应我们的话，就可能会花费巨大的代价。所以说，与其试图改变环境适应自己，不如改变自己去适应环境。

哈佛大学有一位著名的经济学教授，凡是他教过的学生，很少有顺利拿到学分毕业的。原因在于，这位教授平时不苟言笑，教学古板，分派的作业既多且难，学生们不是选择逃学，就是浑水摸鱼，宁可拿不到学分，也不愿多听教授讲一句。但这位教授可是美国首屈一指的经济学专家，国内几位有名的财经人才都是他的得意门生。谁若是想在经济学这个领域内闯出一点儿名堂，首先得过了他这一关才行！

一天，教授身边紧跟着一名学生，二人有说有笑，惊煞了旁人。后来，就有人问那名学生说："为什么天天围着那古板的老教授转？"那名学生回答："你们听过穆罕默德唤山的故事吗？穆罕默德向群众宣称，他可以叫山移至他的面前来，但呼唤了三次之后，山仍然屹立不动，没有向他靠近半寸；然后，穆罕默德又说，山既然不过来，那我自己走过去好了！教授就好比是那座山，而我就好比是穆罕默德，既然教授不能顺从我想要的学习方式，只好我去适应教授的授课理念。反正，我的目的是学好经济学，是要入宝山取宝，宝山不过来，当然是我自己过去喽！"

后来，这名学生果然出类拔萃，毕业后没几年，就成为金融界了不起的人物，而他的同学，都还停留在原地"唤山"呢！

面对不如意的环境，改变自己是发展自己的必要条件。达尔文曾经说过："不要期待环境为你而变，而要争取尽快地改变自己来适应环境。"只要我们还活着，必然面对生存；只要我们想更好地生存，必须学会改变自己。外部的生存环境是残酷的，我们只有认清环境，改变自己，才能获得更好的发展。

周启明大学毕业时，被分配到一个偏远的山区当教师，不仅条件差，工资更是少得可怜。其实，周启明在校成绩不错，擅长写作，还曾担任过学校文学社的社长。现在被分到这样一个破地方，他整天愤愤不平，对工作没有热情，对一向爱好的写作也没了兴趣。整天琢磨着跳槽，幻想能有机会调一个好的工作环境，拿到一份优厚的报酬。两年过去了，他的工作没有任何起色，写作也荒废了，他也变得更加郁郁寡欢。

这天，学校开运动会，连附近的村民都来观看，小小的操场被围得水泄不通。他来晚了，站在后面，踮起脚也看不到里面热闹的情景。这时，身旁一个很矮的小男孩儿吸引了他的视线，只见他一趟趟地从远处搬来砖头，在那厚厚的人墙后面，耐心地垒着一个台子，一层又一层，足足垒了半米多高，他才登上台子，还冲周启明粲然一笑，掩饰不住的是内心成功的喜悦和自豪。

刹那间，周启明的心被震了一下，操场上的环境已经不能改变了，自己只是站在外面唉声叹气，抱怨自己来晚了；而小男孩儿，却懂得垒一个台子，改变自己的高度去欣赏比赛。自己一直在抱怨被分配到的地方是多么差劲，但是不曾想到改变自己，他为自己以前的做法感到惭愧。

从此以后，周启明满怀激情地投入到工作中去，踏踏实实，一步一个脚印。很快，他便成了远近闻名的教学能手，编辑的各类教材接连出版，各种令人羡慕的荣誉纷纷而至。两年后，周启明被调至自己颇为喜欢的一所中专任职。

由此可见，只有不断调整自身适应环境，你才能获得巨大的发展。与其强求外在环境的改变，不如像周启明一样，先从改变自己开始。与其强求环境适应你，不如先改变自己，主动去适应环境，创造机会。当你从这样的认识出发，面对现实，千方百计改变自己，你就会发现，在改变自己适应环境的同时，环境也会逐渐遂了人愿。

心态积极，天下无敌

人生的方向是由态度来决定的，其好坏足以明确我们构筑的人生的优劣。一个人要想让自己生活得更好，首先就得让自己的心态处在一种积极活跃的状态。积极的心态是成功的起点。如果一个人的心态是积极的，乐观地面对人生，乐观地接受挑战和应付困难，那他就成功了一半。

积极的心态是人生的黄金定律，一个积极心态者常能心存光明远景，即使身陷困境，也能以愉悦和创造性的态度走出困境，迎向光明。

纽约的零售业大王伍尔沃夫在青年时代非常贫穷。他在农村工作，一年中几乎有半年的时间是打赤脚的。他成功的秘诀是什么呢？就是将自己的心灵充满积极思想，仅此而已。他借来300美元，在纽约开了一家商品售价全是5分钱的店。但不久后便经营失败，以后他又陆续开了4个店铺，有3个店完全失败。就在他几乎丧失信心的时候，他的母亲来探望他，紧紧握住他的手说："不要绝望，总有一天你会成为富翁的。"

就在母亲这句充满积极心态的话的鼓励下，伍尔沃夫面对挫折不再气馁，更加充满自信地开拓经营，最终一跃成为全美一流的资本家，建立了当时世界上第一高的楼宇，那就是纽约市有名的伍尔沃夫大厦。

其实不只伍尔沃夫，几乎所有成功者，无不有一个共同的特点，那就是具有积极的心态。他们运用积极的心态去支配自己的人生，用乐观的精神来面对一切可能出现的困难和险阻，从而保证了他们不断地走向成功。而许多一生潦倒者，则普遍精神空虚，以自卑的心理、失落的灵魂、悲观失望的心态和消极颓废的人生目标做前导，其后果只能是从失败走向新的失败，至多是永驻于过去的失败之中，不再奋发。

日本著名企业家西村金助正是利用了积极的心态帮助自己成为富翁的。他原来是一个穷光蛋，经常吃不饱饭，过着有上顿没下顿的日子。可是，他却对别人说自己总有一天会成为大富豪。凡是听到这话的人都笑话他"不自量力"、"痴人说梦"。可西村金助对自己将来能成为有钱人一点儿也不怀疑。这种积极的心态使他顽强进取，处处留心生活中有可能使他发财的机会。

为了尽快富起来，他借钱办了一个小玩具厂，专门制造沙漏。沙漏是一种古董玩具，在时钟未发明之前，人们用它来衡量时间。有了时钟以后，沙漏就成了古董。可是，西村金助的生意并不好，每年只能销售很少的沙漏，工厂已经濒临倒闭。这时，那些说他"癞蛤蟆想吃天鹅肉"的人又站出来嘲笑他。对此，西村金助丝毫不在意，他相信自己一定能够找到一个很好的解决办法。

机会终于来了。一天，他看到一本讲赛马的书。书上说："马匹在现代社会失去了它的运输功能，但是又以娱乐的价值出现。"西村金助是个有心人，他感到灵感突然出现了：对，我一定能够找到沙漏的新用处！他振作起来，把全部身心都投入到对沙漏的研究上。经过苦苦思索和研究，他决定做成一个限时3分钟的沙漏，在3分钟里，沙漏里的沙子就会全部漏下来。把这种沙漏放在电话机旁边，这样，人们在打电话时就不会超过3分钟了，就可以节省许多电话费。

新设计的沙漏一上市销路就很好，平均每个月能销出3万个。原来即将破产的小工厂一夜之间成了大企业，西村金助摇身一变成了大富豪。

一个人能否改变自己的命运，关键取决于他的心态如何。成功者与失败者的差别在于前者以积极的心态去对待人生，后者则以消极的心态去面对生活。而只有积极的心态才是成功者的法宝。

无论面对我们的生活还是事业，心态都是至关重要的。不要让你的心态使你成为一个失败者，成功永远是那些抱有积极思维的人所取得的，并由那些以积极的心态努力不懈的人所保持。